复合电冶熔铸颗粒增强钢基复合材料

张 宁 张春红 强颖怀 著

哈尔滨工业大学出版社

内容简介

本书系统介绍江苏省工程机械检测与控制重点实验室和工程机械智能制造产业学院研究的复合电冶熔铸颗粒增强钢基复合材料的制备方法和组织性能。本书共 8 章,第 1 章概述颗粒增强金属基复合材料的发展、特点及应用,颗粒增强钢基复合材料的研究现状;第 2 章详细论述复合电冶熔铸 WC 颗粒增强钢基复合材料的工艺流程、热处理方法和检测分析实验;第 3 章论述不同热处理方式下 WC 颗粒增强钢基复合材料的显微组织;第 4 章论述 WC 颗粒增强钢基复合材料组织和性能之间的联系;第 5 章从分形的角度论述热处理前后 WC 颗粒的形貌变化;第 6 章论述 WC 颗粒增强钢基复合材料热疲劳性能;第 7 章论述 WC 颗粒增强钢基复合材料的摩擦磨损性能;第 8 章总结热处理工艺对材料的显微组织、微观结构、界面形态和力学性能的影响规律。

本书适合机械、矿山、表面工程、耐磨材料及复合材料领域的专业科研人员、工程技术人员和经营管理人员阅读,也可供高等学校相关专业的师生阅读参考。

图书在版编目(CIP)数据

复合电冶熔铸颗粒增强钢基复合材料 / 张宁,张春红,强颖怀著. — 哈尔滨:哈尔滨工业大学出版社,2022.6

ISBN 978 - 7 - 5767 - 0099 - 2

Ⅰ.①复… Ⅱ.①张…②张…③强… Ⅲ.①钢基—金属基复合材料 Ⅳ.①TB333.1

中国版本图书馆 CIP 数据核字(2022)第 109868 号

策划编辑　常　雨
责任编辑　李青晏
封面设计　童越图文
出版发行　哈尔滨工业大学出版社
社　　址　哈尔滨市南岗区复华四道街 10 号　邮编 150006
传　　真　0451 - 86414749
网　　址　http://hitpress.hit.edu.cn
印　　刷　哈尔滨圣铂印刷有限公司
开　　本　787mm×1092mm　1/16　印张 11.5　字数 182 千字
版　　次　2022 年 6 月第 1 版　2022 年 6 月第 1 次印刷
书　　号　ISBN 978 - 7 - 5767 - 0099 - 2
定　　价　58.00 元

前　言

新材料产业作为《中国制造2025》制造强国战略重点领域,是国民经济和社会发展的基础,是支撑国家重大工程建设,促进传统转型升级,构建国际竞争新优势的重要保障。随着经济和科技的不断发展,对现代工程结构材料性能的要求越来越高,越来越多样化。钢铁材料是人类经济建设和日常生活中所使用的最重要的结构材料和产量最大的功能材料,是人类社会进步所依赖的重要物质基础。钢铁材料在相当长的一段时间仍将是我国乃至世界结构材料的支柱。

随着现代工业和科学技术的发展,不仅要求钢铁材料具有更好的强度和韧性,还要求具有更高的耐磨、耐高温和耐疲劳性能。自20世纪90年代以来,颗粒增强钢基复合材料(Particle Reinforced Steel Matrix Composites, PRSMC)成为国内外高硬度、高耐磨性场合研究应用的热点之一,在工模具材料、耐磨零件、耐高温及耐腐蚀材料等方面占据越来越重要的地位,应用领域日益扩大。PRSMC具有铝基复合材料及其他合金钢模具材料不可替代的优势,可以应用于制造各种冷、热模具,小型轧辊,各种耐磨零件。与一般模具钢相比,它可以使模具寿命提高10倍以上;与硬质合金比较,又具有韧性好、生产成本低等一系列的特点,经济效益极为显著。

目前一些金属基复合材料的制备工艺仍停留在实验阶段,人们已用各种不同的方法制备出多种用途的复合材料,有关PRSMC的研究和应用尚待进一步开发。针对国家机械工程、矿山、建材机械和材料成型等领域对先进钢基复合材料的共性重大需求,结合先进钢基复合材料的国内外发展趋势,本书以克服制约国内先进钢基复合材料制备的科学瓶颈问题为出发点,将现有的电冶熔铸工艺方法加以改进并联合研制出复合电冶熔铸的新工艺,制造出大体积、低成本、高性能的碳化钨(WC)颗粒增强钢基复合材料。研究了影响颗粒增强效果的关键因素,确定获得较高综合力学性能的颗粒增强钢基复合材料组成比例,制订出最佳的热处理工艺,设计出具有强度、韧性与耐热疲劳和耐磨性最佳性能配合的颗粒增强钢基复合材料。探讨了 WC 颗粒在不同热处理状态下的转变机制和界面反应规律,综合了细观尺度的理论分析和宏观尺度的数值计算表征增强体界面的微尺度力学性能,同时研究了热处理工艺对 WC 颗粒增强钢基复合材料热疲劳性能的影响,为高性能复合材料的研制提供理论依据和技术参考。

本书在颗粒增强钢基复合材料方面的研究先后得到了江苏省科技支撑项目(No. BE2010161)、江苏省产学研合作项目(No. BY2018076)、江苏省高校自然科学研究面上项目(No. 15KJB430030)、江苏省青蓝工程优秀教学团队、徐州市科技计划项目(No. KC16SG281)和江苏新亚特钢锻造有限公司科技合作项目的支持,同时获得徐州工程学院学术著作资助出版。在本书的撰写过程中,得到了中国矿业大学冯培忠教授、张德坤教授、王庆良教授、沈承金教授、罗勇教授、顾永琴副教授、牛继南副教授、陈辉副教授、魏超副教授、朱磊副教授,江苏汇诚机械制造有限公司丁刚董事,宿迁学院丁家伟博士和江苏大学乔冠军教授的建议和帮助,同时也得到徐州工程学院黄传辉教授、张磊教授、陈跃教授、石端虎教授、杨峰副教授、何敏副教授、王晓溪副教授的支持和鼓励,在此向他们表示由衷的感谢。作者要特别感谢课题组学生周晖淳、张丁飞、牛欢欢、潘杰、张小岩、沈岳风、王耀磊、何云飞等所做的创造性工作,是他们默默无闻的开拓和逐步积累使得本书最终得以成稿。

由于作者的专业知识和水平有限,书中内容难免存在不足之处,诚恳希望广大读者批评和指正。

作　者

2021 年 12 月

目　　录

第1章 颗粒增强金属基复合材料概论

1.1 颗粒增强金属基复合材料的发展、特点及应用

1.1.1 颗粒增强金属基复合材料的发展

颗粒增强金属基复合材料（Particle Reinforced Metal Matrix Composite，PRMMC）是以金属或者合金为基体，以颗粒作为增强相复合而成的一种材料。通过合理的设计和良好的复合效果，基体合金和增强相材料之间可以取长补短，发挥出各自的性能及工艺优势。与传统金属材料相比，颗粒增强金属基复合材料往往具有更高的比强度、比刚度，更好的耐热性能，更低的热膨胀系数和更高的尺寸稳定性等；而与通常用作增强相的陶瓷相比，颗粒增强金属基复合材料的塑性、韧性和可加工性能要优越得多。在金属基复合材料（Metal Matrix Composite，MMC）中，颗粒增强金属基复合材料是成本最低、技术相对最成熟、最有可能实现大规模商业化生产的金属基复合材料，同时也是目前成功应用实例最多、应用范围最广、最受瞩目的金属基复合材料。

现代工业迫切需要能在高温、高速和耐磨条件下工作的结构件，而单纯的钢铁材料越来越难以满足这些要求。正是在这样的需求下，人们把目光转向金属基复合材料的开发和研究。20 世纪 60 年代发展的主要方向是连续碳纤维增强 Al 基复合材料。20 世纪 70 年代，随着对金属基和强化相研究的深入，又出现了非连续 Al_2O_3 纤维强化和 SiC 晶须强化 Al 基复合材料，并用于商业生产。早期的研究工作主要集中在连续长纤维增强金属基复合材料，此类材料虽然有优异的单轴性能，但由于连续纤维的高成本、制备过程复杂和制造的局限性，其发展和应用受到了限制。人们从颗粒增强金属基复合材料上发现了合理的配比点。这是因为颗粒增强金属基复合材料与传统材料相比，一方

面,有较高的比强度、比刚度,好的尺寸稳定性,低的热膨胀系数和优良的耐磨性能;另一方面,低成本、易加工,能以较低的价格得到各种类型的增强相(主要是 Al_2O_3 和 SiC),所以颗粒增强金属基复合材料成为近 20 年来复合材料开发的热点之一。

由此,很多国家致力于金属基复合材料和颗粒增强金属基复合材料的研究,并将其应用在航空航天工业、汽车工业及其他结构工业产业。日本丰田汽车公司采用 Al_2O_3 纤维和原位生成的陶瓷粒子增强的复合材料制备活塞,提高了抗黏着磨损性能,减轻了质量,在价格上与原有材料持平,月产量达到 10 万件。本田汽车公司在 1989 年采用 Al_2O_3 和碳纤维混杂增强的复合材料制造汽缸衬套,提高了汽缸的高速滑动磨损性能、高温使用性能和散热性能;1993 年又用 Al_2O_3 和石墨颗粒混杂增强的复合材料制备发动机汽缸,使汽缸的导热性能、抗磨损性能和实用功率均大幅度提高。而美国更加重视金属基复合材料和颗粒增强金属基复合材料在航天航空工业中的应用:用金属基复合材料制作导弹控制尾翼、发射管、三脚架等零件,充分发挥了这种材料刚度好的特性;用 SiC/Al 复合材料取代碳纤维增强塑料作为客机的机身,提高结构的抗冲击性能,并降低了价格。在国内越来越多的材料工作者加入研究金属基复合材料和颗粒增强金属基复合材料的行列。

1.1.2 颗粒增强金属基复合材料的特点

(1)强度。

强度是颗粒增强金属基复合材料的一个很重要的性能指标。影响金属基复合材料强度的因素很多,主要有强化相的体积分数、颗粒的几何参数和基体材料的性质。对软基体(如 Al-1100、Al-6061)金属基复合材料,其屈服强度首先随着 SiC 颗粒体积分数的增加而提高,当体积分数增加到一定程度后,屈服强度随之下降。而对硬基体(如 Al-7075 和 Al-2024)金属基复合材料,即使加入 SiC 的体积分数达到 20%,其屈服强度也只有很小的变化。粒子的尺寸对金属基复合材料强度的影响规律还不是很清楚。有研究认为,当体积分数一定时,颗粒的尺寸对金属基复合材料的强度影响很小,另外,有的研究表明对于 Al-Si-Mg/SiC 体系,当颗粒尺寸达到 20 μm 时,其强度值最大。

（2）弹性模量。

弹性模量是增强颗粒加入后提高最为明显的力学性能。金属基复合材料的弹性模量近似遵循复合定律（rule of mixture）。复合定律是表达复合材料性能与对应的组分材料性能之间同体积含量呈线性关系的定律。复合材料满足以下条件：①复合材料宏观上是均质的，不存在内应力；②各组分材料是均质的各向同性（或正交异性）及线弹性材料；③各组分之间黏结牢靠，无空隙，不产生相对滑移。复合材料力学性能同组分之间的关系可用式（1−1）和式（1−2）表示。

$$A_c = \sum A_i \varphi_i \qquad (1-1)$$

$$A_c = \sum \frac{\varphi_i}{A_i} \qquad (1-2)$$

式中，φ_i 为复合材料中 i 组元的体积分数；加和范围包括组成复合材料的全部组元。式（1−1）称为并联型复合定律，适用于复合材料的密度，单向纤维复合材料沿纤维方向弹性模量（纵向弹性模量）、纵向泊松比等；式（1−2）称为串联型复合定律，适用于单向纤维复合材料的横向弹性模量、纵横剪切模量和横向泊松比等。

体积分数是金属基复合材料弹性模量的主要影响因素。弹性模量还在一定程度上受颗粒分布的影响。颗粒的长宽比和基体对弹性模量的影响很小。而颗粒的类型和颗粒的形状对其的影响，没有得到统一的看法。在高温下，金属基复合材料的弹性模量仍高于其基体合金。

（3）塑性。

塑性的下降是限制金属基复合材料在工程结构上应用的主要障碍。虽然随着增强颗粒体积分数的增加，复合材料的强度和刚度也增加，但这是以牺牲其塑性为代价的。研究认为，金属基复合材料的延展性和基体的延展性成正比，与强化颗粒与基体之间的强度比有关，且依赖于增强颗粒的形状和空间分布。高的体积分数导致颗粒的团聚，颗粒的分布不均匀也会产生颗粒的团聚。在团聚的颗粒之间，基体的变形被强烈抑制，从而导致此处的局部应力数倍于基体的流变应力。

在设计金属基复合材料时，必须考虑强度和塑性的综合性能。对于大多数工程上的应用,增强颗粒的体积分数为12% ~18%的金属基复合材料既有良好的强度和刚度,又有可以接受的塑性水平。

(4)韧性。

用一种机械性能指标很难准确表达一种材料的韧性。材料断裂时的延展率和断裂韧性似乎可以表示材料抵抗断裂的能力,但在很多工程应用中,空位形核和裂纹的生长与材料的断裂有更直接的关系。断裂韧性 K_{IC}、临界积分 J_{IC} 和临界裂纹张开位移 δ_c 随着体积分数的增加或增强颗粒尺寸的减少而降低。金属基复合材料中裂纹的形核在很大程度上受增强颗粒空间分布的影响,一般倾向于发生在颗粒束集区。裂纹形核的临界应力由局部增强颗粒的体积分数决定,而不是由颗粒总的体积分数决定。总的规律是,在大强度基体金属基复合材料中大的颗粒倾向于断裂,而低强度基体金属基复合材料中首先在界面形成空位。

1.1.3 颗粒增强金属基复合材料增强相和基体的选择

在复合材料中,用于改善复合材料力学性能,提高断裂功、耐磨性和硬度,以及增强耐腐蚀性能的颗粒状材料,称为颗粒增强体。颗粒增强体可以通过以下三种机制产生增韧效果。

(1)相变增韧。当材料受到破坏应力时,裂纹尖端处的颗粒发生显著的物理变化(如晶型转变、体积改变、微裂纹产生与增殖等),消耗能量,从而提高复合材料的韧性,这种增韧机制称为相变增韧或微裂纹增韧。其典型例子是四方晶相 ZrO_2 颗粒的相变增韧。

(2)第二相颗粒改变裂纹扩展路径增韧。复合材料中的第二相颗粒使裂纹扩展路径发生改变(如裂纹偏转、弯曲、分岔、裂纹桥接或裂纹钉扎等),从而产生增韧效果。

(3)混合增韧。以上两种机制同时发生时称为混合增韧。

按照颗粒增强复合材料的基体不同,可以分为颗粒弥散强化陶瓷、颗粒增强金属和颗粒增强聚合物。颗粒在聚合物中还可以用作填料,目的是降低成本,提高导电性、屏蔽性或耐磨性。

用于复合材料的颗粒增强体主要有 SiC、TiC、B_4C、WC、Al_2O_3、MoS_2、

Si_3N_4、TiB_2、BN、$CaCO_3$、碳(石墨)等。Al_2O_3、SiC 和 Si_3N_4 等常用于金属基和陶瓷基复合材料,碳(石墨)和 $CaCO_3$ 等常用于聚合物基复合材料。例如,Al_2O_3、SiC、B_4C 和碳(石墨)等颗粒已用于增强铝基、镁基复合材料,而 TiC、TiB_2 等颗粒已用于增强钛基复合材料。常用的颗粒增强体的性能见表1−1。

表 1 − 1　常用的颗粒增强体的性能

颗粒名称	熔点/℃	密度/ $(g \cdot cm^{-3})$	热膨胀系数/ $(\times 10^{-6} K^{-1})$	硬度 (HV)	弯曲强度/ MPa	弹性模量/ GPa
碳化硅(SiC)	2 700	3.21	4.0	2 700	400 ~ 500	—
碳化硼(B_4C)	2 450	2.52	5.73	3 000	300 ~ 500	260 ~ 460
碳化钨(WC)	2 800	15.8	3.8	2 080	—	810
碳化钛(TiC)	3 200	4.92	7.4	2 600	500	—
碳化钒(VC)	2 730	5.3	4.2	2 090	—	430
氧化铝(Al_2O_3)	2 050	—	9.0	—	—	—
氮化硅(Si_3N_4)	1 900	3.2 ~ 3.35	2.5 ~ 3.2	HRA89 ~ 93	900	330

颗粒增强体的平均尺寸为 3.5 ~ 10 μm,最细的为纳米级(1 ~ 100 nm),最粗的颗粒粒径大于 30 μm。在复合材料中,颗粒增强体的体积分数一般为 15% ~ 20%,特殊的也可为 5% ~ 75%。从表 1 − 1 中可以看出,大多数颗粒增强体的性能都较好,但对于颗粒增强金属基复合材料而言,并不是每种颗粒都可用,其选用的原则有如下四点。

(1)由于颗粒在复合材料中主要起承受载荷的作用,因此必须具有能明显提高金属基体某种所需特性的性能,如高比强度、高比模量、高导热性、耐热性、耐磨性、低热膨胀性等。

(2)颗粒要具有良好的化学稳定性,与基体有较好的相容性,包括物理、化学、力学等性能的相容。

(3)颗粒与基体要有良好的润湿性,以保证颗粒与基体良好复合和分布均匀。

(4)颗粒的成本也是应该考虑的一个重要因素。

增强颗粒对材料磨损性能的提高具有非常重要的作用。各种颗粒增强体的性能差别很大,在制备复合材料时应视具体情况选择。同其他颗粒相比,碳化钨(WC)为六方晶体,具有硬度高、熔点高、热膨胀系数小、耐磨性好等特点,而且与钢铁液的润湿角几乎为零。碳化钨颗粒增强钢基表面复合材料中,基体包裹碳化钨颗粒,对碳化钨颗粒有支撑和保护的作用。由于钢铁液的成形性能好,与 WC 颗粒能完全润湿,几乎所有的钢铁材料都可作为碳化钨增强颗粒的基体,且与金属基体结合具有较好的抗界面腐蚀性能,这就可以省去颗粒表面涂层处理的工序,使实际生产中减少设备投资、缩短生产周期。另外,碳化钨颗粒来源也比较广泛。因此本书选用 WC 颗粒做增强相。

基体材料是复合材料的重要组成部分,起着固定增强颗粒、传递和承受各种载荷的作用,金属基体的选择对表面复合材料的性能起着决定性作用,其密度、强度、塑性、耐蚀耐热性能、导电导热性能等均影响复合材料的整体性能。在设计复合材料时要充分考虑金属基材的物理、化学特性以及与增强相的相容性等各种因素,为制备出性能优异的复合材料奠定坚实的基础。从使用性能角度考虑,基体必须要具有足够的硬度、强度,同时还要有一定的塑性来承受冲击作用。由于是制造复合材料,所以在考虑两种材料的性能满足工程要求的同时,还要考虑其复合性能,即可复合性。一般来说,基体金属除应具有足够的强韧性外,更重要的是必须要对增强相有良好的润湿性,以保证界面能获得以基材为基体的固溶体,使界面呈冶金结合,以避免结合强度不足。从制备技术的角度考虑,要求基材的金属熔液具有较好的流动性;从产品的二次加工角度考虑,要求基材的硬度不能太高,以便于复合材料成形之后进行二次加工。

具体选择哪种钢或铁基体应根据相应的使用工况(温度、应力、耐磨性等)来定,须考虑钢或铁基体的强度、韧性和耐磨性,同时应该考虑经济性,再配合适当形状和粒度的颗粒增强体,才能制备出合适的材料。

1.1.4　颗粒增强金属基复合材料的应用

金属基复合材料自进入工业应用发展阶段以来,逐步拓宽了应用范围,但由于价格较高且难以大幅度降低,因此许多可能得到应用的领域,尤其在对价格比较敏感的汽车等行业的应用受到限制。复合材料的大规模应用,除价格之外,还需要解决设计、加工、回收等方面的问题。

金属基复合材料在国外已经实现了商品化,我国近年来也快速发展,以汽车零件、机械零件为主,主要是耐磨复合材料,如颗粒增强铝基或锌基复合材料、短纤维增强铝基或锌、镁基复合材料等。

美国 ACMC 公司与亚利桑那大学光学研究中心合作,采用 SiC 颗粒增强铝基复合材料研制成超轻量化空间望远镜(包括结构件与反射镜,该望远镜的主镜直径 0.3 m,整个望远镜仅重 4.54 kg)。ACMC 公司用粉末冶金法制造的碳化硅颗粒增强铝基复合材料,作为激光反射镜、卫星太阳能反射镜、空间遥感器中扫描用高速摆镜,已经部分投入使用。

作为第三代航空航天惯性器件材料,仪表级高体分 SiC 颗粒/铝基新型复合材料替代铍材已在美国用于某型号惯性环形激光陀螺制导系统,并已形成美国的国家军用标准(MIL - M - 46196)。该材料还成功地用于三叉戟导弹的惯性导向球及其惯性测量单元(IMU)的检查口盖,并取得比铍材的成本低 2/3 的效果。

美国佛罗里达州的一个材料公司最近成功开发了一种新型非连续增强的高强度、高耐热性铝合金基复合材料。该合金基复合材料是以 Al - Mg - Sc - Gd - Zr 成分合金为基体,具有优异的常温强化和低温强化能力。该合金的强度为 630 MPa,并且具有中等的室温延展性(7%),高温强度也很好。这种非连续增强的铝合金基复合材料是用粉末冶金法制造的,所用原料铝合金粉末为 325 目(小于 45 μm)的球状粉和平均直径为 5 μm 的碳化硅粉和碳化硼粉,这种作为增强物用的碳化物粉末掺入量为 15%(体积分数)。所制得的复合材料强度超过 700 MPa,具有优异的刚性、比强度、抗磨性和耐热性,可用于宇航飞行器材料及火箭制造方面。

在我国,金属基复合材料也于 2000 年前后正式应用在航天器上。哈尔滨工业大学研制的 SiC_w/Al 复合材料管件用于某卫星天线丝杠;中国航发北京航空材料研究院研制的三个 SiC_p/Al 复合材料精铸件(镜身、镜盒和支撑轮)用于某卫星遥感器定标装置,并且成功地试制出空间光学反射镜零件。

20 世纪 90 年代末,碳化硅颗粒增强铝基复合材料在大型客机上获得正式应用。普惠公司从 PW4084 发动机开始,将 DWA 公司生产的挤压态碳化硅颗粒增强变形铝合金基复合材料作为风扇出口导流叶片,用于所有采用 PW4000 系发动机的波音 777 飞机上。普惠公司生产了 PW4000 航空发动机及其碳化硅颗粒增强铝基复合材料风扇出口导流叶片。普惠公司的研发工作表明,作为风扇出口导流叶片或压气机静子叶片,铝基复合材料耐冲击(冰雹、鸟撞等外物打伤)能力比树脂基(石墨纤维/环氧)复合材料好,且任何损伤易于发现。此外,还具有 7 倍于树脂基复合材料的抗冲蚀(沙子、雨水等)能力,并使成本下降 1/3 以上。普惠公司计划在 PW4000 系发动机上将碳化硅颗粒增强铝基复合材料作为标准材料用。美国正在研制颗粒增强耐热铝基复合材料,一旦开始生产,则将首先用于一级及部分二级压气机,例如用作压气机静子叶片。

用于汽车工业的金属基复合材料主要是由颗粒增强和短纤维增强的铝基、镁基、钛合金等有色合金基复合材料。金属基复合材料具有比强度高、比刚度高、耐磨性好、导热性好、热膨胀系数低等特性,很适合于制作内燃机的活塞、连杆、缸套等部件。目前,用 Al_2O_3 短纤维增强的铝基复合材料活塞在日本丰田公司已大量使用。用 SiC 颗粒增强的铝基复合材料活塞和缸套,用 Al_2O_3 纤维不锈钢纤维增强的铝基复合材料连杆已分别在美国、日本多家汽车公司试用。可以用低成本的挤压铸造法或压力浸透法,制作颗粒或短纤维增强的铝基复合材料活塞、缸套,充分利用 MMC 耐磨性好、热膨胀系数低等特性,使配隙更精密。用碳纤维及不锈钢纤维增强铝基复合材料替代钢制连杆,用铝基复合材料制作凸轮轴,将使其自重减小,从而改善柴油机经济性,提高输出功率。

金属基复合材料尤其适合制作汽车、摩托车制动器的耐磨件,如制动盘。目前,汽车(摩托车)用制动盘(毂)大都是采用铸铁制造,从导热性、摩擦系数、质量等方面看,铸铁并不很适合于这一用途。美国、日本等国家从 20 世纪 80 年代起开始了铝基复合材料在汽车零部件上的应用研究,取得了很大的成就。摩托车轮毂的试车结果表明,铝基复合材料制动毂比原铸铁件减轻 50% ~ 60%,摩擦系数提高 10% ~ 15%,动力距离提高 16.7%,衰减率降低 56%,缩短了制动距离,并使制动性能稳定。碳化硅颗粒增强铝基复合材料特别适于制作汽车和火车盘形制动器的制动盘(即刹车盘),它不仅耐磨性好,而且与传统的铸铁制动盘相比密度低、导热性好,有 50% ~ 60% 的减重效果,使得车辆的制动距离明显缩短。

国外在颗粒增强金属基(特别是铝基)复合材料的应用方面已取得较大进展,尤其是美国、加拿大和日本已进入较大批量生产阶段。在国内,采用铝基复合材料制造的汽车发动机活塞和气缸也已大量使用,取得了良好的效果。

1.2 颗粒增强钢基复合材料的研究现状

自 1965 年 Kelly、Davies 和 Cratchley 等首先提出和总结了金属基复合材料的概念以来,MMC 就以其高的比强度、比刚度及良好的热稳定性、耐磨性、尺寸稳定性、成分可设计等优点吸引了各国学者和科研人员的关注,成为材料研究和开发的热点。

金属基复合材料一般是作为耐磨、耐蚀、耐热材料进行开发和应用的,它的性能取决于所选用金属或合金基体和增强物的特性、含量、分布等。按增强体的形式,MMC 可分为连续纤维增强、短纤维或晶须增强、颗粒增强等。由于连续纤维增强的 MMC 必须先制成复合丝,工艺成本高而复杂,因此其应用范围有很大的局限性,只应用于少数有特殊性能要求的零件。颗粒增强金属基复合材料是将陶瓷颗粒增强相外加或自生进入金属基体中得到兼有金属优点(高的韧性和塑性)和增强颗粒优点(高硬度和高模量)的复合材料。PRMMC 具有增强体成本低,微观结构均匀,可采用热压、热轧等传统金属加工工艺进行加工等优点,因而与纤维增强、晶须增强金属基复合材料相比备受关注,成为最引人注目的材料研究方向之一。

颗粒增强金属基复合材料具有高强度、高耐磨性、高疲劳强度、高比刚度、高温使用性能好的特点,其性能普遍优于基体金属,Zhu 对 TiC/Ti – 6Al – 4V 与 Ti – 6Al – 4V 的比较研究发现,在 538 ℃、相同的拉伸速率下,前者的屈服强度和极限强度都比后者高出 40 MPa 以上。与纤维增强金属基复合材料(FRMMC)相比,PRMMC 的制备方法有更多的选择余地:首先,制造工艺简单且局限性小,一个零件可以整体复合,也可以局部复合。王一三等采用液相合成技术在钢件表面上生成一层厚度为 3~4 mm,以 VC 颗粒增强的钢基表面复合材料,在干摩擦磨损条件下成倍地提高了耐磨性。其次,PRMMC 可通过选择强化相种类、体积分数和形貌等,调整物理、力学性能。最后,PRMMC 还具有各向同性,可采用传统工艺设备进行冷、热加工,以进一步提高其性能。研究表明,颗粒增强铝基复合材料通过冷锻可去除内应力、减少微裂纹,而通过热挤压,可消除颗粒团聚,改善界面状况,从而提高强度和塑性。

目前研究较多、工艺较为成熟的颗粒增强金属基复合材料主要集中在以 Al、Mg、Ti 等有色轻金属为基体的复合材料,而常用的陶瓷颗粒增强相则是氧化物陶瓷、碳化物陶瓷、氮化物陶瓷三类,如 Al_2O_3、TiO_3、MgO、WC、SiC、Si_3N_4、AlN 等。随着制备工艺的完善,以有色合金为基体的复合材料应用较为广泛,如美国的 Trident 导弹上采用 40% SiC 增强 6061Al 复合材料制造万向接头部件,美国武器研究中心采用 17% SiC/2124 复合材料制造了导弹的尾翼。相比较而言,廉价的钢铁材料由于熔点高、密度大、比强度小等,以钢铁为基体的复合材料制备比较困难,研究不够深入。但现代工业的发展对能在高温、高速、严酷磨损条件下服役的零部件有着迫切要求,钢基复合材料的抗高温性能、抗冲击性能和耐磨损性能明显优于有色合金基复合材料。因此,以钢铁为基体的颗粒增强复合材料有着良好的发展前景。

1.2.1 颗粒增强钢基复合材料制备工艺研究现状

颗粒增强钢基复合材料的制备工艺方式、工艺过程以及工艺参数的控制对材料整体性能有很大影响,因此制备工艺一直是颗粒增强钢基复合材料的重要研究内容之一。颗粒增强钢基复合材料的复合成形工艺,按金属基体的状态可分为固态工艺、液态工艺、半固态工艺三大类。目前常用的颗粒增强钢基复合材料的制备方法主要有粉末冶金法、铸造法、弥散混合法等,见表 1-2。

表 1-2 颗粒增强钢基复合材料的制备工艺及制备方法

制备工艺	制备方法
固态工艺	粉末冶金法

续表 1 - 2

制备工艺	制备方法	
液态工艺	铸造法	原位复合法
		负压铸造法
		无压铸造法
		气压铸造法
		离心铸造法
半固态工艺	弥散混合法	搅拌铸造法
		流变铸造法

　　粉末冶金法是最早开发用于制备金属基颗粒增强复合材料的工艺方法，整个工艺过程主要分为三个阶段：粉末混合、压实和烧结。首先把均匀混合后的增强相和金属粉末装入模具中进行冷压，然后进行加热烧结，使增强相和基体金属结合成一体，由此得到复合材料锭坯或近净尺寸构件。粉末冶金工艺的优点是可以任意调整增强相和金属粉末混合时的配比，获得含不同体积分数增强相的复合材料，增强相在复合材料中的分布较为均匀。

　　粉末冶金制备工艺过程的三个阶段对复合材料组织性能都有很大影响，如混合不均造成颗粒分布不均匀将影响复合材料整体性能，压实时除气不好会引起严重气孔，烧结时温度控制不当可造成金属液体汗析。早在十几年前，人们就在铁基粉末冶金材料中添加 B_4C 颗粒制得了复合材料，成功地用于飞机上的刹车片。近些年来，许多研究者研究了通过粉末冶金法（或以热等静压辅助）制备多种陶瓷颗粒（如 Al_2O_3、TiC、TiN、VC、SiC、Cr_2Ti、$AlCr_2$、Cr_3C_2 等）增强的钢基复合材料，并研究了复合材料的磨损性能，取得了许多有益的结果。

　　铸造法的设备、工艺简单，成本最低，是目前复合材料制备应用最多的一种工艺。王恩泽等通过化学气相沉积技术获得表面镀 Ni 涂层的 Al_2O_3 颗粒后，通过在氧化铝颗粒中加入耐热钢颗粒的方法与负压铸造技术，获得了氧化铝颗粒体积分数为 18% ~ 52% 的氧化铝颗粒增强耐热钢基复合材料。李秀兵等运用自制的复合剂制备了 WC 颗粒增强钢基表面复合材料。沈蜀西利用铸造法制备了铸铁渗铬制砖模具。研究表明,直接用铸造的方法可在铸件表面形成同时具备外硬内韧、耐磨、耐热、耐蚀等优良综合性能的颗粒增强金属基表面复合材料。但是普通砂型铸渗工艺对增强体与基体的润湿性要求高,易造成偏析、增强体分布不均等缺陷;并且该工艺制备复合材料时首先要用黏结剂将增强颗粒固定在砂型表面,黏结剂在高温金属液的作用下产生气体和熔渣,容易造成夹渣、气孔等缺陷,严重影响复合层的性能。

原位复合法由于增强相原位生成,没有暴露于大气的机会,表面没有受到污染,界面匹配性好,结合致密,能够克服其他工艺中出现的一系列问题,如浸润不良、界面反应产生脆性层、增强体分布不均,特别是对微小的(亚微米和纳米级)增强体极难进行复合等。原位复合法作为一种突破性的工艺方法受到普遍重视,研究者对此广泛开展了研究工作。王世鑫等利用 SHS - 熔铸工艺实现了 $MoSi_2$ - Fe 复合材料的原位合成与液态成形一体化,制备的复合材料由原位合成的 $MoSi_2$ 和 Fe 组成,Fe 以黏结相分布在 $MoSi_2$ 的边界上;提高了熔体的冷却速度,可明显降低复合材料组织中 $MoSi_2$ 的晶粒尺寸。但因为该工艺较为复杂,且不能制备局部增强复合材料,在实际生产中受到了一定限制。

离心铸造法制备复合材料时,可以先将增强颗粒靠离心力贴附在型壁上,再浇入高温铁液渗入颗粒孔隙中形成材料的复合;或者在浇注铁液的同时,随流加入增强颗粒,在离心力的作用下,增强颗粒移动到铸件的表面,形成表面复合材料。两种颗粒加入工艺都不需要使用黏结剂,避免了复合过程中气孔和夹渣缺陷的产生,所以离心铸造法是一种生产高质量复合材料的工艺方法。

在上述众多颗粒增强钢基复合材料的制造方法中,技术的关键在:①弄清并解决好金属基体与增强材料的润湿性和冶金问题;②弄清并掌握界面反应引起的金属基体和增强材料的变化特点及影响;③弄清金属基体和增强材料在复合过程中因其弹性系数及热膨胀系数不同而引起的残余应力的影响;④增强材料在金属基体的分布要均匀,其体积分数按要求自由控制;⑤弄清部件的工况条件及技术要求,优化选择金属基体和增强材料;⑥控制好关键制备工艺参数。

1.2.2　复合材料增强颗粒的研究现状

制备性能优良的复合材料首先要确定增强陶瓷颗粒。增强颗粒是金属基复合材料的重要组成部分之一,具有提高金属基体的强度、刚度、耐磨损等性能的作用。由于陶瓷颗粒与金属基体物理、化学性质不同,将引起不同的界面扩散或化学反应,产生不同的界面结构,因此复合材料表现出不同的性能。

WC 陶瓷颗粒和 Al_2O_3 陶瓷颗粒是两种常用的增强颗粒。碳化物陶瓷颗粒的硬度值普遍比氮化物和氧化物陶瓷颗粒硬度值高,而且碳化物陶瓷中的 WC 陶瓷不但显微硬度值高,且与铁液的润湿性良好,润湿角接近零,另外 WC 陶瓷颗粒的化学稳定性较好。氧化物陶瓷价格低廉、来源广泛,是生产低成本复合材料的最佳选择,如 Al_2O_3 有足够的硬度,但其与钢液的润湿性较差,不能形成理想的界面,用于制备复合材料时,必须解决这一难题。

在复合材料制备及后续热处理过程中,陶瓷颗粒与金属基体由于物性参数的差异,将相互作用产生应力,影响材料的性能。各国学者在陶瓷颗粒对复合材料的应力分布方面的研究取得了一些积极的进展。Eshelby 采用等效夹杂法给出了含夹杂的、非均匀体的有效弹性模量,但这一方法只适合夹杂体积分数较小的情况;Kunin 在考虑夹杂形状的情况下,还考虑了夹杂的分布影响,但是由于加入过多附加条件,因此其结论具有很大的局限性;权高峰等运用空间配位体密堆模型和球对称的分析单元,分析计算了颗粒复合材料在温度变化后产生的微观热应力和残余应力,但其中颗粒假设为球形不很合理;王明章等研究了基于晶体细观力学模型和组元材料的单晶体变形性质,以 Al – Al_2Cu 自生材料为实验材料,用数值法模拟其拉伸和循环拉伸的变形过程,考查了增强体间距和循环加载过程对复合材料变形行为的影响,并得到了一些有价值的结论。

总之,对复合材料的应力模拟主要集中在两个方面:一是比较理想化的颗粒形状,很少能反映陶瓷颗粒的真实形状特征;二是应力分析载荷多是力载荷,关于热载荷特别是像模具钢水韧处理这样剧烈热载荷的应力模拟研究还相对比较少。应力模拟对复合材料增强颗粒选择的帮助不大,需要进一步深入研究颗粒形状、大小及分布等因素对复合材料制备和热处理过程的影响规律,为合理选择增强颗粒提供依据。

1.2.3　复合材料界面研究现状

金属基复合材料界面对材料中载荷的传递、微区应力和应变分布、残余应力、增强机制和断裂过程等有极为重要的作用和影响,界面结构和性能是影响增强体和基体性能是否充分发挥、形成最佳宏观综合性能的关键。

增强体的强度、弹性模量和硬度比基体高几倍甚至高一个数量级,并且在服役过程中是主要承载体,因此要求界面能有效地传递载荷、调节材料内部应力分布及阻止裂纹扩展,使材料获得最好的综合性能。界面结构和性能要满足以上要求,界面结合强度必须适中,过弱不能传递载荷,过强会引起脆性断裂,都不能发挥增强体的增强作用。

由于基体和增强体的强度、弹性模量、热膨胀系数及导热性等有很大差别,复合材料制备及后续热处理后会造成组织和性能的不连续性,引起残余应力和应变、形变硬化以及微区特性的不均匀分布,在界面区域更为明显。张国定研究了碳化硅颗粒增强铝基复合材料中尖角型碳化硅颗粒界面附近的组织和超显微硬度分布,发现尖角界面附近有大量位错存在,沿尖角方向延伸分布,该区域的超显微硬度是远离界面基体硬度的 4 倍。

Ashok Kumar Srivastava 等研究了原位合成 TiC 和(Ti,W)C 增强高锰奥氏体钢基复合材料的微观组织和力学性能。发现原位合成 TiC 和(Ti,W)C 增强高锰奥氏体钢基复合材料可通过传统的熔铸与铸造的方法生产获得。利用扫描电子显微镜(SEM)和 X 射线衍射(XRD)对微观组织结构进行表征,采用阿基米德方法测量密度。该复合材料与高锰奥氏体钢的耐磨性能和力学性能(如硬度、冲击能)也已经过测量分析,结果得出(Ti,W)C 增强复合材料的密度和冲击能高于 TiC 增强复合材料,在所测材料中,(Ti,W)C 增强复合材料展现出最好的耐磨性。

复合材料界面问题是其发展过程中的一个关键因素,决定着复合材料的发展。由于复合材料的发展是由有色金属的复合开始,并在航空航天和国防工业中取得较多应用,以前研究者对界面的研究也多以有色金属基复合材料为研究对象,钢基复合材料界面有待深入系统研究。

1.2.4　复合材料的耐磨性研究现状

增强体颗粒的弹性模量、抗拉强度和硬度都比钢基体高,根据复合材料的性能加和规律,其强度、硬度及弹性模量都应比基体材料高。理论研究和实际实验结果都表明,体积分数为 10%～30% 的增强颗粒可使复合材料的弹性模量提高 50%,而强度也有不同程度的提高。

颗粒增强钢基复合材料的主要用途在于其高的耐磨性。陶瓷颗粒较高的硬度可以抵抗外界硬质磨料对材料的损伤,同时颗粒的存在可以有效阻碍基体材料中裂纹的扩展,研究表明,随增强体颗粒体积分数的增加,磨损抗力可大幅度提高,最高可达数十倍。由于大多数增强体都坚硬耐磨,当基体对其有足够的镶嵌作用时,它们直接承受摩擦副的正向载荷,使基体材料免于直接对磨,从而提高材料的耐磨性。当增强体颗粒体积分数高过某个值时,它与基体之间的相容性恶化,增强体颗粒容易剥落,造成耐磨性不能进一步提高。随着增强体颗粒的加入,不论采用哪种工艺制备的复合材料,其塑性和冲击韧性都大幅度下降。研究结果表明,在铁基粉末冶金材料中加入 SiC 的质量分数超过 15% 时,冲击韧性下降到基体性能的 25% 以下。复合材料的特点决定了增强颗粒和基体材料种类可以根据耐磨部件的服役状态进行自由选择,以适应外界环境对耐磨材料的要求,材料科学工作者对此进行了较多的研究。

李秀兵等系统研究了在三体磨料磨损条件下,碳化钨颗粒增强高铬白口铸铁局部复合材料的耐磨性,并与相应的白口铸铁的耐磨性进行了比较。结果表明,铸态去应力处理时,复合材料相对于基体材料的耐磨性提高到 6 倍以上;淬火态去应力处理时,复合材料相对于基体材料的耐磨性提高到 5 倍以上。可见,为了提高 Cr 系白口铸铁材料表层的耐磨性能,采用制备 WC 颗粒增强 Cr 系抗磨白口铸铁表层复合材料的途径十分有效。

王恩泽等在 154～200 μm 的氧化铝颗粒表面通过化学气相沉积技术获得 Ni 涂层后,通过在氧化铝颗粒中加入耐热钢颗粒的方法与负压铸渗技术,获得了氧化铝颗粒体积分数为 18%～52% 的氧化铝颗粒/耐热钢基复合材料,并考查了其在 900 ℃ 的磨料磨损工况下的耐磨性。结果表明,耐热钢的高温磨损主要由磨料颗粒的滚压形成挤出唇、翻边脱落引起,由于耐热钢的屈服强度较低,耐磨性较差;而复合材料中的氧化铝颗粒突出于基体,有效地调节了材料承受的载荷,阻碍了磨料颗粒对基体的损伤,所有复合材料的耐磨性均比耐热钢好,耐磨性最好的复合材料是氧化铝颗粒体积分数为39%的复合材料,其耐磨性是耐热钢的3.27倍。

蒋业华等针对承受严重冲蚀磨损的渣浆泵过流件,采用砂型负压铸渗工艺制备了WC/灰铸铁基表面复合材料,结果表明,WC颗粒增强灰铸铁基表面复合材料具有良好的微观组织结构和优异的抗冲蚀磨损性能。冲蚀磨损时复合材料中的WC颗粒可以减少浆料中硬质磨料颗粒对基体的凿削和切削作用,以40~60目的WC为复合材料的增强颗粒,以同粒度高碳铬铁颗粒来调节WC颗粒体积分数,使复合材料中WC的体积分数为27%,获得的表面复合材料耐冲蚀磨损性能是Cr15Mo3高铬铸铁的2.7倍。

王一三等在MM-200型磨损实验机上,对所制备的铁基表层复合材料进行的实验表明,在干滑动摩擦磨损条件下,复合材料具有良好的耐磨性能。许斌等分别在灰铸铁和球墨铸铁表面制备了碳化钨-高铬铸铁复合材料层。用MM-200型实验机研究了该复合材料的耐磨粒磨损性能,并与球墨铸铁、淬火态45钢及Fe_2B相硼化物层进行了对比。结果表明,当合金粉剂中含碳化钨颗粒质量分数为20%时,碳化钨-高铬铸铁复合材料的耐磨性最佳;磨粒硬度和尺寸增大时,复合材料的耐磨性提高较大。

高义民等考查了Al_2O_3/不锈钢基、WC/不锈钢基表面复合材料在模拟湿法磷酸工况下的腐蚀磨损性能,并与目前在此工况中使用较好的高铬钢进行了对比。研究结果表明,当冲蚀角分别为30°和60°时,这两种复合材料的抗腐蚀磨损性能均优于高铬钢,而Al_2O_3/不锈钢基复合材料的抗腐蚀磨损能力又优于WC/不锈钢基复合材料;复合材料中陶瓷颗粒与金属基体的界面是影响其腐蚀磨损性能的主要因素,改善界面的抗腐蚀特性,预期可以进一步提高复合材料的腐蚀磨损性能。

Ashok Kumar Srivastava等研究了10%(体积系数)TiC和(Ti,W)C颗粒增强Fe-17Mn奥氏体钢基复合材料的磨损行为,同时进行了销盘式干滑动摩擦磨损实验。通过传统的熔铸方法,已经能够原位合成这种复合材料,通过这种工艺生产的复合材料,颗粒分布均匀。研究发现,复合材料的耐磨强度高于未经颗粒增强的 Fe - 17Mn 奥氏体钢。与 TiC 颗粒增强的复合材料相比,采用 (Ti,W)C 颗粒增强钢基复合材料的耐磨强度更高。无论是颗粒增强材料还是非增强型材料,随着负载的增加,它们的耐磨性和摩擦系数均会降低。

Taiquan Zhang 等发现体积分数为20%的 ZrC 颗粒加入 $ZrC_p/$ W 复合材料中,通过热压制造后能显著提高其性能。但是,由于烧结性相对较差的 ZrC 颗粒引起的 ZrC 颗粒中残余孔隙聚集区是一些潜在的微裂纹源。为了消除粒子簇内的孔隙,作为烧结的复合材料需要在 2 300 ℃下退火 1 h。退火后的复合材料的显微组织会变得均匀和致密。ZrC 颗粒在退火过程中发生长大,退火过后硬质合金复合材料的平均颗粒直径从 1.25 μm 长大到1.385 μm。长大机理是 ZrC 颗粒中的 Zr 和 C 原子溶解到钨基复合材料中,通过钨基复合材料成长为更大的颗粒。烧结和退火的复合材料组成了一个由 (Zr,W)C 固体溶液颗粒和新的 W_2C 相组成的钨基固溶体。硬质合金复合材料中 W_2C 相的含量比退火态复合物中的含量多。复合材料在室温下的抗弯强度会因退火而降低,晶界和界面的黏合强度的降低会导致强度的降低。退火过后,复合材料的强度减小,但其塑性增加。强度的降低主要是由于 ZrC 颗粒的长大,降低了位错密度和ZrC/W 接口处的残余应力。由钨基和 ZrC 颗粒断裂产生的塑性变形导致两种复合材料的抗压屈服强度随温度而发生改变。

综合已有的文献可以发现,制备小尺寸的颗粒增强钢基复合材料,工艺简单,产品缺陷也少,而一旦要制备大体积的工件时则易出现颗粒团聚、分布不均匀、开裂、缩孔等各种缺陷,产品性能大幅下降。而且针对热处理工艺对不同含量、不同尺寸增强颗粒制备的复合材料的影响研究较少,特别是颗粒增强相的形貌、界面处合金元素和碳元素的扩散、析出、分布等对微观组织、结构和性能的影响规律及表征方面研究更少。另外,在三体磨粒磨损条件下,针对电冶熔铸法制备的大体积颗粒增强钢基复合轧辊材料的耐磨性能研究未见报道。这种工况是一种复杂的磨损工况,既有外界载荷对材料的作用力,又有第三体磨粒对材料的磨损,磨损工况恶劣。要求材料同时满足韧性和耐磨性的要求,复合材料在此工况的表现如何,抗磨机理有待系统研究。

1.3 本书研究的意义

随着经济和科技的不断发展,对现代工程结构材料性能的要求越来越高,越来越多样化。颗粒增强钢基复合材料(PRSMC)兼有钢的优点(韧性和塑性)和增强颗粒优点(高硬度和高模量),由于具有这种优异的综合性能,因此PRSMC 在工模具材料、耐磨零件和耐腐蚀构件材料等方面占据越来越重要的地位,应用领域也越来越广泛。尤其是几百千克至几吨以上的大体积、低成本的高性能 PRSMC 的需求将会越来越大,这将是一个巨大而广阔的市场。目前,由于国内外尚无法制造大体积的此类材料,且所制造的小型此类材料成本高、性能较差,因此制造行业不得不大量采用常规金属工模具材料,造成了资源的极大浪费和使用成本的增加。

针对国家工程机械、矿山机械、建材机械和材料成形等领域对先进钢基复合材料的共性重大需求和先进钢基复合材料的国内外发展趋势,本书以克服制约国内先进钢基复合材料制备科学的瓶颈问题为出发点,将现有的电冶熔铸工艺方法加以改进研制出复合电渣重熔的新工艺,制造大体积、低成本、高性能的先进 WC 陶瓷颗粒增强钢基复合材料,并将其推广应用到工模具、轧辊、耐磨零件和耐腐蚀构件等行业中,具有较高的社会经济效益;对材料的复合电冶熔铸工艺、锻造处理、热处理工艺、组织形成过程、物相成分分布、断裂机理、宏微观力学性能、热疲劳性、摩擦磨损性能进行研究,同时用分形方法对WC 形貌的变化进行辅助研究,探讨热处理工艺对颗粒增强钢基复合材料的组织和性能的影响,在此基础上通过优化工艺参数精确调控微观组织,进而调控复合材料的性能,从而研制和提供高性能、高可靠性、大尺寸及形状复杂的耐磨、耐蚀、高强、多功能的先进钢基复合材料构件。无论是在科学研究价值或是在工程应用方面,还是在技术经济的领域都具有重要的意义。

第2章 材料的制备与实验

2.1 引言

金属基复合材料是当今世界发展潜力最大的高性能结构材料之一。由于具有高比强度、高比模量、耐高温、耐磨损以及热膨胀系数小、尺寸稳定性好等优异的物理性能和力学性能,克服了树脂基复合材料在宇航领域中使用时存在的缺点,得到了令人瞩目的发展,成为各国高新技术研究开发的重要领域。而它的制备技术相对复杂和困难,这是由金属熔点较高,对增强基体表面润湿性差等因素造成的,因此,对有效而实用的 MMC 制备技术的研究是决定此类复合材料能否广泛应用的关键。世界各国都投入了大量人力、物力开展金属基复合材料制备新技术的研究。

符寒光等采用离心铸造原位合成的方法,开发了耐磨性能优良的原位合成颗粒增强钢基复合材料轧辊,并着重解决了离心铸造复合材料轧辊生产过程中易偏析和产生裂纹的难题。何凤鸣等采用烧结锻造和合金化技术制备了 WC/FY – 1 烧结锻造钢基复合材料,对材料的组织结构和性能进行了研究,所制备的复合材料达到高速线材轧机的导向辊用材的性能要求。成小乐等采用 WC 颗粒为增强相,45 钢为基体,系统地研究了粉末冶金真空烧结法制备颗粒增强钢基复合材料的温压烧结工艺,考查了常温压制烧结和温压烧结两种工艺条件下材料的滑动摩擦磨损性能。谢金乐等采用机械合金化和放电等离子体法(MA – SPS)制备了 WC 颗粒增强钢基复合材料,对复合材料的组织形貌、耐磨性及耐磨机理进行研究。

由于钢材料熔点高、密度大、比强度小、制造工艺困难等,对钢基复合材料的研究较少,而主要集中于铝基、镁基、钛基等一些轻质复合材料,多用于宇航、航空、汽车等领域。现代工模具和热轧辊材料,需要具有高硬度、耐磨损、良好的抗高温性能和一定的冲击韧性。将颗粒增强工艺引入钢基复合材料中并应用到工模具、轧辊等行业，具有诸多优点。

本章详细论述了复合电冶熔铸工艺的特点、颗粒加入金属基体的方式及工艺过程，叙述了所用实验材料和仪器以及前期的热处理实验，并制订了后续各项检测分析的方案。

2.2　实验材料和仪器

2.2.1　实验材料

本实验所用 WC 颗粒增强钢基复合材料和 5CrNiMo 钢均在江苏新亚特钢锻造有限公司采用复合电冶熔铸法制备。

碳化物颗粒的硬度值普遍比氮化物和氧化物颗粒硬度高，尤其是 WC，为六方晶体，熔点 2 800 ℃，硬度 HV2 080，并且热膨胀系数小，与铁液具有良好的润湿性，润湿角几乎为零，另外化学稳定性也较好。加之我国钨资源丰富，来源广泛，也降低了生产成本。因此选用 WC 颗粒作为增强体，实验所用 WC 颗粒购于株洲硬质合金厂，分为粗颗粒（150 目，95 ~ 110 μm）和细颗粒（300 目，45 ~ 55 μm）两种规格，WC 颗粒的扫描电镜照片如图 2 - 1 所示，物理、力学性能见表 2 - 1。

（a）150 目　　　　　　　　　　　　（b）300 目

图 2 - 1　WC 颗粒的扫描电镜照片

表 2-1　WC 颗粒的物理、力学性能

颗粒名称	熔点/℃	密度/(g·cm^{-3})	热膨胀系数/(×10^{-6}K^{-1})	硬度/(HV)	弹性模量/GPa
碳化钨(WC)	2 800	15.8	3.8	2 080	810

5CrNiMo 模具钢具有良好的韧性、强度和高耐磨性,对回火脆性不敏感,淬透性好,高温下强度、耐热疲劳性好。但是,较低的耐磨性能和不佳的回火稳定性限制了作为轧辊材料的使用要求,达不到颗粒增强钢基复合材料的高硬度、高耐磨性的优点,并且实验单位以生产模具钢的锻件和铸件为主,每天车削废料相当多,因此将钢屑回收,采用电渣熔铸的方法制成 5CrNiMo 钢基体,作为自耗电极,以高熔点极硬的 WC 为硬质相,通过新型的复合电冶熔铸技术制备轧辊用 WC 颗粒增强钢基复合材料。这样也实现了循环、绿色再制造,响应了国家"可持续发展"的宏观战略。

5CrNiMo 钢的密度为 7.85 g/cm^3,当硬度(HRC)为 41~41.6 时,冲击韧度为 30.0~32.0 J/cm^2,断裂韧度为 109.65~136.8 MPa/m^2。其化学成分和拉伸性能见表 2-2(测试设备为 Agilent 7800A 气相色谱仪)和表 2-3(测试设备为 CMT-5105 电子万能材料实验机)。

表 2-2　5CrNiMo 钢的化学成分(质量分数)　　　　%

C	Si	Mn	P	S	Ni	Cr	Mo
0.5~0.6	≤0.40	0.5~0.8	≤0.03	≤0.03	1.4~1.8	0.5~0.8	0.15~0.3

表 2-3　5CrNiMo 钢的拉伸性能

硬度(HRC)	抗拉强度 σ_b/MPa	屈服强度 σ_s/MPa	伸长率 δ/%	断面收缩率 ψ/%
41~41.6	1 304.0~1 312.0	1 200.0~1 213.0	15.6~16.8	36.5~46.8

2.2.2 实验仪器

实验所用仪器、型号、生产厂家见表2-4。

表2-4 实验所用仪器、型号、生产厂家

实验仪器	型号	生产厂家
电火花线切割机床	锋陵 DK7732	泰州德锋数控机床有限公司
箱式电阻炉	4-10	北京市永光明医疗仪器厂
自动研磨抛光机	AutoMet	美国标乐 Buehler 公司
振动抛光机	VibroMet2	美国标乐 Buehler 公司
分析天平	FA1604	上海恒平公司
金相显微镜	OLYMPUS-PMG3	日本 OLYMPUS 公司
体视显微镜	江南 SE2200	南京江南永新光学有限公司
扫描电子显微镜	Inspect S50	美国 FEI 公司
能谱仪	X-act/INCA150	英国牛津 OXFORD 公司
电子背散射衍射仪	AZtec HKL Nano EBSD	英国牛津 OXFORD 公司
X射线衍射仪	BRUKER D8 Advance	德国布鲁克 BRUKER 公司
洛氏硬度计	HR-150A	莱州蔚仪厂
显微硬度计	HV-1000	北京时代四合有限公司
原位纳米力学测试系统	TriboIndenter	美国 Hysitron 公司
电子万能材料实验机	CMT-5105	美特斯工业系统(中国)有限公司
冲击实验机	JBNS-300	吴忠同力材料实验机有限公司
摩擦磨损实验机	M2000	宣化科华实验机制造有限公司

2.3 复合电冶熔铸工艺

2.3.1 颗粒加入金属基体的方式

微米级的 WC 颗粒具有比表面积大、活性高、易团聚、体积密度小等特点,在炼钢生产中如采用喷粉、喂丝的方法加入钢液中,容易出现团聚,不易分散,并且微米级的颗粒尺寸太小,具有较高的表面能,自发地团聚在一起,使颗粒尺寸变大,更不易在钢液介质中分散开。所以,为了改善 WC 颗粒在介质中的分散性,使之不团聚而保持微米尺寸的单个体以充分发挥其效应,本实验采用高能搅拌球磨法对颗粒进行预分散。按照一定比例分别将 150 目和 300 目的WC 增强颗粒与基体金属粉末和晶粒长大抑制剂加入高能搅拌球磨机内进行混合,转速 800 r/min,分散 1 h,经过高能搅拌球磨的微型锻造作用,颗粒实现均匀混合,并用网筛过滤成 150 目和 300 目的颗粒混合体。

接下来将经高能搅拌球磨工艺制得的颗粒混合载体装入钢管中,采用50 t双柱手动液压机压实并密封以防氧化。然后将钢管预置在采用电渣熔铸法制备的 5CrNiMo 自耗电极上,随自耗电极在金属熔池中将 WC 混合颗粒均匀加入。在新型的复合电冶熔铸工艺下,通过电磁搅拌装置的作用,WC 混合颗粒在金属熔池和渣池中产生强烈的搅拌,分散均匀,在金属熔池内混合后相互熔合产生冶金结合,并在水冷结晶器内快速结晶成形。

2.3.2　复合电冶熔铸工艺过程

复合电冶熔铸工艺是制备颗粒增强钢基复合材料的一种新方法,是结合了电渣熔铸与铸件凝固成形两道工序、一次完成铸件成形的新型铸造工艺。其基本过程如下。

(1)将实验原料在中频感应电炉中用普通铸造法制成自耗电极。

(2)采用高能搅拌球磨法制备增强颗粒载体,并装入钢管中密封,再预置到自耗电极上。

(3)采用电渣熔铸工艺,电渣炉工作原理如图 2-2 所示,在单臂梁立式电渣炉中将增强颗粒载体和自耗电极以滴液形式熔化,进行精炼和净化,并通过电磁搅拌技术将增强颗粒在基体熔体内进行均匀分散处理。

(4)通过水冷结晶器对熔体进行快速冷却结晶,控制增强颗粒和熔体晶粒的长大,进行细化处理,最终制备出颗粒增强钢基复合材料。

新型复合电冶熔铸工艺具有设备投资小、生产工序少、工艺简单、生产成本低、所生产的产品性能好等特点,可以制造出高性能、低成本、大尺寸的先进颗粒增强钢基复合材料。制备的复合轧辊和生产设备 5 t 中频炉、10 t 电渣炉和 8 t 电液锤如图 2 - 3 所示。

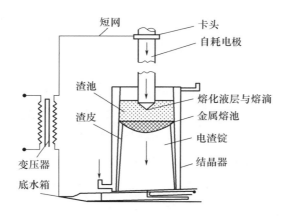

图 2 - 2　电渣炉工作原理

（a）WC颗粒增强钢基复合轧辊　　　　　（b）5 t中频炉

（c）10 t电渣炉　　　　　（d）8 t电液锤

图 2 - 3　WC 颗粒增强钢基复合轧辊和生产设备

复合电冶熔铸工艺过程的参数如下。

（1）自行设计制作的感应电渣熔铸设备，水冷结晶器的上口直径 150 mm，下口直径 175 mm，高 710 mm。

（2）电渣棒直径 Φ80 mm，5CrNiMo 钢为自耗电极，电渣电流 4 200 A，电压 40 V，运行 10 min。

（3）在此过程中进行电磁搅拌，电磁搅拌装置的电流从 0 A 均匀调节到 450 A，然后停止 1～2 s，再从 450 A 调节到 0 A，往复进行调节，直到电渣结束。

通过调整 WC 颗粒尺寸和含量，采用此复合电冶熔铸工艺共制备了 4 根直径 175 mm、长度 500 mm 的 WC 颗粒增强钢基复合轧辊毛坯。为了对比研究添加 WC 颗粒后复合材料的各项性能相对于原基体钢的优劣，也特别电冶熔铸了一个 5CrNiMo 轧辊毛坯，工艺参数见表 2－5。

表 2－5　轧辊毛坯工艺参数

材料	标号	$w(WC)/\%$	WC 平均尺寸/ μm
5CrNiMo	5CrNiMo	—	—
WC 颗粒增强钢基复合材料	25% 粗 WC	25	100
	35% 粗 WC	35	100
	45% 粗 WC	45	100
	45% 细 WC	45	50

通过复合电冶熔铸工艺制备的 WC 颗粒增强钢基复合材料，因材料缺陷较多，不能直接使用，还应采用退火工艺，优化结构，减小硬度，为机械加工提供便捷，更为后续热处理等创造良好条件。退火采用等温退火工艺，在 880 ℃ 加热 4 h，再在 740 ℃ 等温 4 h，炉冷到 500 ℃，然后进行出炉冷却到常温，退火工艺曲线如图 2－4 所示。

接下来再采用 8 t 电液锤进行锻造处理，改善复合材料的显微组织结构和致密性，优化增强相的形态和分布状态，细化组织，使碳化物分布均匀，增加复合材料的强度和韧性，进一步提高颗粒增强钢基体的效果。

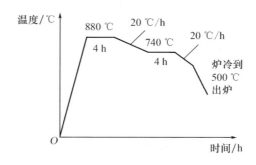

图 2 - 4　退火工艺曲线

2.4　热处理实验

材料经过热处理后可以改善组织结构,提高或降低强度、硬度和塑性。热处理包括加热与冷却两个过程,两个过程分别伴随着碳化物的溶解与析出,碳化物的这一变换,改善了其外貌形态,增强了材料的耐磨性及韧性等。硬质相 WC 与钢基体间的物理及机械性能差异较大,本节先采用加热油淬的方法提高复合材料的强度和硬度,再用低温回火工艺减小内应力,提高钢基体的韧性,使其能与性质差别较大的 WC 颗粒更好地配合,并研究组织、性能、界面的特征,为进一步改进提高材料的综合机械性能提供可供借鉴的参考。

淬火加热的保温时间 $T(\min)$ 可以根据试样的有效厚度来计算,通常经验公式为

$$T = KD \qquad\qquad (2-1)$$

式中　D——试样有效厚度,mm;

　　　K——加热时间系数,如果采用 1 200 ℃ 箱式炉加热,则取 $K = 1.0$ min/mm。

本实验所用热处理试样的尺寸为 10 mm × 10 mm × 140 mm 和 8 mm × 20 mm × 25 mm,因颗粒增强钢基复合材料对热力学不敏感,可适当延长保温时间,故加热保温时间选取 15 min。

淬火工艺是使材料加热到临界温度以上奥氏体化,在快速冷却过程中转变为高硬度的马氏体组织,随后进行适当的回火处理,降低或去除淬火时产生的内应力,为提高韧性而适当减小硬度和强度,获得良好的综合力学性能和服

役性能。

钢基体的组成成分决定了钢结硬质合金淬火的工艺参数,在温度高于临界点(A_{c_1}、A_{c_3})的温度下淬火时,钼、钨、铬等元素存在于复合材料的基体相中,在临界温度以上时,这些元素会在基体中以各自的碳化物的形式存在,使奥氏体晶粒的长大受阻,因此颗粒增强钢基复合材料可选择较高的温度淬火处理。但当淬火温度过高时,淬火将会产生聚集再结晶和残余奥氏体含量增加从而使得钢基复合材料硬度下降。由于基体 5CrNiMo 钢属于亚共析钢,$A_{c_1}=$ 713 ℃、$A_{c_3}=766$ ℃、$M_s=230\sim290$ ℃,一般选取 A_{c_3} 线以上 30～70 ℃作为加热温度。因此选择 830～860 ℃作为 5CrNiMo 基体钢的淬火加热温度较合适,本实验复合材料的淬火加热温度在此基础上可适当提高。

钢基体的成分、碳含量以及合金元素的含量对复合材料的淬火温度有着较高的影响,因此,本实验选择 950 ℃、1 000 ℃、1 050 ℃三种温度进行淬火,并保温 15 min,然后在淬火油中冷却,这三种温度的选择是通过对钢基体及合金元素的含量进行综合分析所得出来的。

淬火后复合材料硬度很高,基体内部会产生内应力而发生开裂,为了保持材料淬火后的高硬度并消除淬火时产生的应力,材料还需进一步回火处理。回火温度通常取 150～220 ℃,保温 60～120 min。如果要求复合材料的韧性较高,还需在 400～600 ℃的高温下回火。回火脆性区通常在 250～350 ℃,此时回火复合材料的性能较差。450～550 ℃回火时,会析出细小的合金碳化物,发生二次硬化现象。W 元素有较高的回火稳定性,高温回火时,WC 颗粒发生溶解扩散,钢基体中 W 含量增多,提高了回火稳定性。但回火温度不宜选择太高,否则会因生成太多大块碳化物而降低材料的韧性。

因此本实验采用 180 ℃、220 ℃和 300 ℃三种回火温度,保温 2 h,图 2－5 热处理工艺方案为 950 ℃淬火＋220 ℃回火、950 ℃淬火＋180 ℃回火、1 000 ℃淬火＋220 ℃回火、1 000 ℃淬火＋180 ℃回火、1 050 ℃淬火＋220 ℃回火、1 050 ℃淬火＋300 ℃回火。

采用宝玛 DK7750 型线切割机床在锻造退火处理后的轧辊毛坯中部位置进行取样,取样位置示意图如图 2－6 所示,切割尺寸为 10 mm × 10 mm × 140 mm 和 8 mm × 20 mm × 25 mm。因淬火处理选择的加热温度过高,应在加工好的试样上涂抹高温抗氧化、防脱碳涂料,再放入箱式电阻炉中加热,按照图 2 - 5 的热处理工艺方案进行淬火和回火处理。

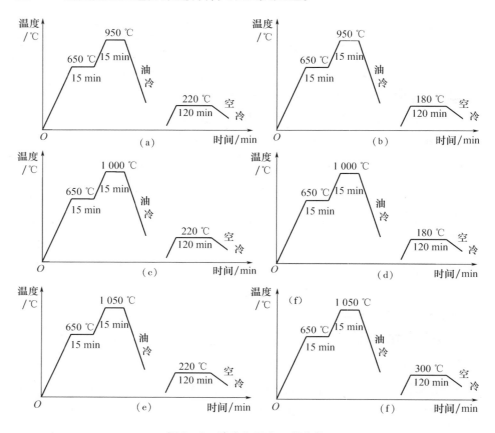

图 2 - 5 淬火和回火工艺曲线

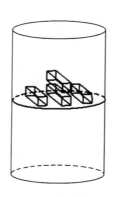

图 2 - 6 复合材料取样位置示意图

2.5　测试方法

2.5.1　X 射线衍射(XRD)实验

X 射线照射晶体会产生特定的衍射线方向和强度,根据布拉格定律,可进行材料的物相分析、固溶体分析、晶粒大小的测定、应力测定和晶体取向的测定。在复合电冶熔铸过程中,WC 颗粒与自耗电极熔化的金属熔滴在高温渣池内相互熔合反应,又经水冷结晶器快速冷却成形,生成各种碳化物和金属间化合物等新物相,且在后续的热处理中,因加热温度高也可能会有析出相生成,影响复合材料的各项性能,所以需用 X 射线衍射分析技术来鉴别 WC/钢基复合材料中的物相。

采用德国布鲁克的 BRUKER D8 Advance X 射线衍射仪进行 X 射线衍射分析,工作电压 40 kV,工作电流 30 mA,测试角度范围 20°~105°,扫描速度 2(°)/min,Cu 靶,Kα 辐射。

2.5.2　金相组织观察

钢基体和增强颗粒的种类、含量、尺寸、分布等因素影响了颗粒增强钢基复合材料的各项性能,因此需对钢基体、增强物、碳化物、金属间化合物的显微组织、微观结构进行分析研究,以探究复合材料在复合电冶熔铸和热处理过程中显微组织的变化规律。陶瓷颗粒与钢基体物理、化学性质不同将引起不同的界面扩散或化学反应,产生不同的界面结构,使复合材料表现出不同的性能,所以采用金相显微镜观察钢基体和增强物的微观组织和显微结构。

金相试样的制备方法为:将热处理前后的各试样线切割成 10 mm × 10 mm × 10 mm 的方柱体,然后采用磨平机对要观察的面进行粗磨,用由粗到细的四种金相砂纸对粗磨面进行细磨,用 w2.5 和 w1 的金刚石抛光剂在抛光机上抛光呈镜面状,再采用 4% 硝酸酒精腐蚀,最后在日本 OLYMPUS - GX51 型倒置金相显微镜(OM)上观察金相组织。

2.5.3 电子背散射衍射(EBSD)和能谱(EDS)分析

由于 WC 增强颗粒和 5CrNiMo 钢基体之间的化学成分差异较大,电冶熔铸工艺的加热温度很高(1 800～1 900 ℃),后续的热处理温度也在 950 ℃ 以上,WC 颗粒与基体间发生溶解、析出效应,基体中 W、Cr、Ni、Mo 等合金元素及 C 元素含量将发生改变,硬质相的边界区域将发生合金元素及碳元素的扩散与迁移,使得复合材料整体的元素分布与化学成分发生巨大变化,有新的物相生产,因此采用英国 OXFORD AZtec HKL Nano EBSD 电子背散射衍射仪和 OXFORD X－act/INCA150 型能谱仪对增强体、钢基体和界面过渡处的晶粒取向、成分分布进行测定。

EBSD 实验对样品的表面要求很高,表面损伤层和残余应力要尽可能小,否则影响测试效果,制备方法为:首先线切割成 10 mm×10 mm×10 mm 的方柱体,然后在标乐 AutoMet 250 自动研磨抛光机上分别用 w50、w28、w10、w5 金相砂纸进行研磨,用标乐 3 μm 的金刚石抛光液进行机械抛光,最后在标乐 VibroMet 2 振动抛光机上用标乐 0.06 μm 的硅胶抛光液进行 150 min 的振动抛光。

2.5.4 宏微观硬度实验

硬度是表征金属材料软硬程度的一种性能,也是表征金属材料力学性能十分简便的方法,其中压入法的应力状态软性系数 $\alpha > 2$,金属材料在这种情况下都反映出塑性的一面,所以淬火钢、硬质合金甚至陶瓷等脆性材料的硬度也可测定。因此采用洛氏硬度法、显微维氏硬度法测量颗粒增强钢基复合材料的宏微观硬度。一般材料的强度越高,硬度值越大,以此可以初步判断添加不同颗粒度、不同含量以及不同热处理后复合材料的力学性能。

相对于显微维氏硬度来说,洛氏硬度反映的是材料组成相的综合性能结果,不受个别微区性能的影响,测量值稳定性和重复性更强。特别是针对含有增强相和钢基体的复合材料,表征宏观硬度更为适用,本实验采用莱州蔚仪 HR－150A 型洛氏硬度计,每个试样测量 4 个点硬度,取其平均值。

在比较复合材料中的增强相、析出相和钢基体的强度差别时,洛氏硬度显然不适用,需要采用能测量材料中各种组成相硬度值的显微维氏硬度法,因为压痕尺寸较小,显微硬度值受试样表面粗糙度的影响,所以试样待测面需经研磨、抛光、腐蚀后再测量。本实验采用北京时代四合 TMVS - 1S 型数显显微维氏硬度计测定复合材料不同区域的显微硬度,施加载荷为 50 g,保载时间为 10 s,每个区域测量 3 次,取其平均值。

材料硬度按照加载载荷不同,可以分为 3 类,除了宏观硬度(10 N 以上)、显微硬度(10 mN ~ 10 N)以外,还有纳米硬度(700 mN 以下)。本实验采用美国 Hysitron TriboIndenter 原位纳米力学测试系统,在纳米、纳牛顿水平上,利用各种形状的金刚石探针对样品表面微区进行压痕和划痕,并且用同一针尖在压痕和划痕后几秒钟内,即刻对压痕划痕的表面形貌进行原位扫描成像。该设备采用纳米尺度上研究材料力学性能的先进技术,不仅载荷低、压痕尺寸小(纳米数量级),还可以测试载荷 - 位移的变化,提供微区的纳米硬度和弹性模量。测试复合材料钢基体和增强相的纳米硬度和弹性模量时,压头选择 Berkovich 压针,最大加载载荷为 2 000 μm。

2.5.5 抗弯强度实验

根据国标《金属材料弯曲试验方法》(GB/T 232—2010),采用 MTS CMT 5105 型微机控制电子万能实验机进行三点弯曲性能测试,每种工艺选取 3 个弯曲试样,取测量的弯曲强度平均值。实验条件为常温常压,弯曲试样尺寸为 10 mm × 10 mm × 140 mm,压头直径 20 mm,压头下压速率 1 mm/min,两支辊间距 50 mm,如图 2 - 7 所示。

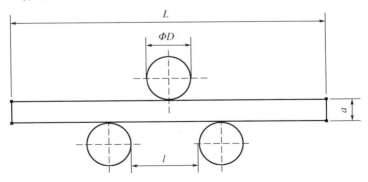

图 2 - 7 三点弯曲实验(单位:mm)

两支辊间距 l 按照式（2-2）计算。

$$l = (D + 3a) \pm \frac{a}{2} \qquad (2-2)$$

式中　D——压头直径；

　　　a——弯曲试样高度。

将 $D = 20$ mm，$a = 10$ mm 代入式（2-2），得到两支辊间距 l 为 45 ～ 55 mm，本实验取 50 mm。

为了进一步研究 WC 颗粒增强钢基复合材料的弯曲性能，采用美国 FEI Inspect S50 型扫描电子显微镜（SEM）对三点弯曲断裂后的断口形貌进行表面观察，分析断口的形貌、色泽、粗糙度进而判断断裂类型、断裂方式、断裂路径和断裂机理，探讨断裂机制与复合材料力学性能之间的关系。

2.5.6　冲击韧性实验

根据国标《金属材料夏比摆锤冲击试验方法》（GB/T 229—2007），采用吴忠同力冲击实验机进行冲击性能测试，每种工艺选取 3 个冲击试样，取测量的冲击吸收功平均值。测量球铁或工具钢等脆性材料的冲击吸收功，常采用 10 mm×10 mm×55 mm 的无缺口冲击试样。因为 WC 颗粒增强钢基复合材料性质较脆，所以将热处理前后的试样加工成 10 mm×10 mm×55 mm 的无缺口冲击试样测量冲击吸收功，实验条件为常温常压。

为了进一步研究复合材料的冲击性能，采用 SEM 对冲击断裂后的断口形貌进行表面观察，根据断口花样类型及分布状况推断断裂过程，寻找断裂原因，评定断裂的性质。通过断口分析可以提供有关材料的相组成、组织结构、杂质含量对断裂特性的影响，从而为进一步改进复合材料质量提供方向和可能。

2.5.7　热疲劳实验

金属构件如长期承受交变热应力的作用，其破坏形式主要为热应力疲劳（简称热疲劳）。颗粒增强钢基复合材料作为一种新的工模具材料，当用于制备热作工模具，工作时不但承受很大的外部作用力，而且工作温度高变化大，循环经受急冷急热的作用，材料表面经受较高的交变热应力，从而产生热疲劳裂纹,甚至断裂。

采用电火花线切割机将热处理前后的 8 mm × 20 mm × 25 mm 板状试样加工出 V 形缺口,热疲劳试样的形状和尺寸如图 2 − 8 所示。将试样表面除油处理后,放入 600 ℃的箱式电阻炉中,5 min 后取出试样,延缺口向下的方向放入清水中冷却,1 min 后再放入炉中加热,在 20 ~ 600 ℃之间往复冷热循环。各试样完成规定的循环次数后,将缺口两面抛光、腐蚀,在金相显微镜和扫描电子显微镜上观察颗粒增强钢基复合材料的显微组织结构、缺口部位裂纹形貌和裂纹扩展形式,并测量裂纹长度,研究颗粒增强钢基复合材料热疲劳裂纹的裂纹萌生和裂纹扩展的路径、形态以及机理,通过分析研究提供减小或消除热疲劳裂纹的意见,探索可以提高复合材料抗热疲劳性能的途径。

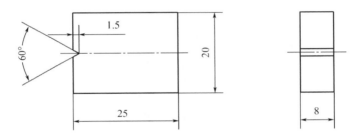

图 2 − 8　热疲劳试样的形状和尺寸(单位:mm)

2.5.8　摩擦磨损实验

颗粒增强钢基复合材料常服役于强烈磨损工况条件下,这就要求其具有优异的耐磨性能。采用宣化科华的 M2000 磨损实验机进行二体摩擦磨损实验,磨损方式为环块式、干摩擦,无油润滑,试样尺寸为 10 mm × 10 mm × 10 mm,对磨材料为经过表面淬火的 GCr15 钢环,摩擦转速 200 r/min,法向载荷 200 N,磨损时间 120 min。

为了进一步模拟带有粉尘颗粒的恶劣工况,在 M2000 磨损实验机上又进行了三体磨粒磨损实验,只是加装了一个盛石英砂的漏斗,实验工作原理如图 2 − 9 所示。磨损实验时,石英砂靠自身的重力经由漏斗下部的小口散落在试样和对磨环上,石英砂会随着对磨环的转动进入试样和对磨环之间的摩擦面上,材料的磨损在一定程度上是由磨料的切削和反复滚压作用造成的,由此加速试样的磨损。磨损试样尺寸为 10 mm × 10 mm × 10 mm,对磨材料为经过表面淬火的 GCr15 钢环,摩擦转速 200 r/min,法向载荷 100 N,磨损时间120 min。石英砂颗粒直径 40 ~ 60 目,维氏硬度 HV1 120。

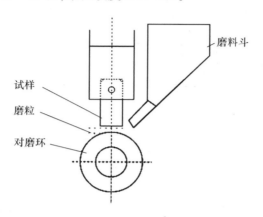

图 2 – 9　三体磨损实验工作原理图

　　磨损面的粗糙度对磨损实验结果有一定的影响,因此各试样的待磨面应先用砂纸粗磨和细磨,达到相同的表面粗糙度,然后用丙酮进行超声波清洗 20 min,再用酒精清洗并烘干后在上海恒平 FA1604 分析天平(精度 0.1 mg)上称量质量,然后进行摩擦磨损实验。实验结束后立即用丙酮进行超声波清洗 15 min,再用酒精清洗并烘干后用分析天平称量质量,本实验采用失重法测量磨损量,以此评价复合材料的耐磨性能。实验时用磨损实验机上附带的摩擦力矩读数计每 5 min 记录一次摩擦力矩数据,摩擦系数由所测的摩擦力矩与所加载荷确定,计算公式如下:

$$\mu = \frac{M}{R \cdot F} \qquad (2 - 3)$$

式中　μ——滑动摩擦系数;

　　　　M——实验所测的趋于稳定时的摩擦力矩,N·m;

　　　　R——摩擦副滚环的外半径,cm,在本实验中 $R = 2$ cm;

　　　　F——实验时所加的载荷,本实验中二体磨损时 $F = 200$ N,三体磨粒磨损时 $F = 100$ N。

最后用 FEI Inspect S50 扫描电子显微镜观察磨痕形貌,辅助判断复合材料的耐磨性,并根据磨损面损伤状况研究磨损机理。

2.6 本章小结

本章主要介绍了采用复合电冶熔铸工艺制备 WC 颗粒增强钢基复合材料的工艺及方法,并讲述了前期热处理实验和各项性能检测实验的准备工作,根据实验研究的目的制订出了较为详细的实验技术方案,合理选择了试样组织、结构、成分和性能的测试方法,并着重对一些关键检测技术的操作步骤进行了说明。

(1)复合电冶熔铸工艺是制备颗粒增强钢基复合材料的一种新方法。首先将回收的废旧原料在中频感应电炉中用普通铸造法制成 5CrNiMo 钢自耗电极;然后采用高能搅拌球磨法制备以 WC 为主的增强颗粒载体,并装入钢管中密封,再预置到自耗电极上;接下来采用电渣熔铸工艺,在单臂梁立式电渣炉中将增强颗粒载体和自耗电极以滴液形式熔化,并通过电磁搅拌技术将增强颗粒在基体熔体内进行均匀分散处理;最后通过水冷结晶器对熔体进行快速冷却结晶。WC 增强相在钢基体上均匀分布,并发生冶金反应,使两相牢固地结合在一起,从而获得高性能、低成本、大尺寸的先进 WC 颗粒增强钢基复合材料。

(2)通过调整 WC 颗粒尺寸(50 μm 和 100 μm)和质量分数(25%、35% 和 45%),采用该复合电冶熔铸工艺制备了 25% 粗颗粒 WC、35% 粗颗粒 WC、45% 粗颗粒 WC 和 45% 细颗粒 WC 共四种颗粒增强钢基复合材料,以及 5CrNiMo 钢,作为复合材料的钢基体用于对比分析。铸造后的材料采用等温退火工艺,在 880 ℃ 加热 4 h,再在 740 ℃ 等温 4 h,炉冷到 500 ℃ 后出炉冷却到常温,再经锻造处理。

(3)通过研究 5CrNiMo 钢和 WC 颗粒增强钢基复合材料的组织和成分,结合相图和 C 曲线分析,制订合理的热处理工艺。本书选择 950 ℃、1 000 ℃、1 050 ℃ 三种加热温度淬火,采用油冷方式;回火工艺为 180 ℃、220 ℃ 和 300 ℃ 三种温度,保温 2 h 后空冷。

（4）通过 XRD 分析、OM 组织观察、SEM 表面形貌分析、EBSD 和 EDS 分析、宏微观硬度实验、纳米力学性能实验、三点弯曲实验、冲击韧性实验、热疲劳实验和摩擦磨损实验，对 WC 颗粒增强钢基复合材料的显微缺陷、表面成分、显微组织、结构、硬度、弹性模量、断裂韧性、冲击韧度、断口形貌、WC 形态、热疲劳裂纹、摩擦系数、磨损率等进行了测试研究，评价 WC 颗粒增强钢基复合材料的显微组织、微观结构、增强相分布形态、界面性能、表面力学性能、弯曲性能、冲击性能、热疲劳性能和二体磨损以及三体磨损的滑动摩擦学性能。

第3章　WC 颗粒增强钢基复合材料的显微组织

3.1　引言

颗粒增强钢基复合材料不仅具有钢的塑性、韧性好,硬度高及优良的耐磨性等特点,还具备可热处理的显著特点。适当的热处理工艺可以消除铸、锻、焊等热加工工艺造成的各种缺陷,细化晶粒、消除偏析、降低内应力,使材料的组织和性能更加均匀。颗粒增强钢基复合材料中硬质相的存在,及其在液相烧结和热处理过程中与基体发生相互溶解与析出作用的结果,改变了原配方基体的化学成分,从而使复合材料具有与原配方基体的钢种不同的热处理特点。

尤显卿研制了一种新型的电冶熔铸钢结硬质合金,对其进行热处理实验,结果表明,该合金具有良好的热处理性能,而且热处理可以有效地改善合金原始态中不良的组织结构,经淬火与回火处理后,合金的力学性能有较大幅度的提高。杨瑞成等对 WC/钢基复合材料进行了比较细致的微观分析,揭示了这种材料具有与相近基体成分的钢材明显不同的微观特征。杜晓东等用电冶重熔法引入稀土改性制备 RE – WC – 钢基复合材料,研究了复合材料的显微缺陷、硬质相的存在状态、合金性能。李秀兵等运用复合剂技术制备了 WC 颗粒增强钢基表层复合材料,系统研究了颗粒尺寸对 WC 颗粒在复合材料组织中的存在形态及复合材料组织变化的影响规律。杨少锋等分析了热处理对颗粒增强铁基复合材料的组织和硬度的影响,结果表明,随热处理温度升高,材料硬度增高;复合材料界面结合良好,界面元素成分稳定,未出现裂纹。A. Antoni – Zdziobek 等研究了 1 423 ~ 1 543 K 之间的液/固相平衡,并对相应的 Fe – W – C 系统的等温截面进行分析,计算推导了基于热化学模型的相平衡。

本书研究的复合电冶熔铸 WC 颗粒增强钢基复合材料是一种新型金属基复合材料,其热处理工艺还没有具体的工艺规范,所以,必须对该材料进行不同温度的退火、淬火及回火处理,研究热处理工艺对复合材料组织和性能的影响规律。

本章研究了 WC 颗粒增强钢基复合材料的显微缺陷,进行了复合电冶熔铸过程中 WC 热力学分析,对熔铸原始态显微组织、锻造退火态显微组织和淬火回火态显微组织进行了对比分析研究,并采用 EBSD 和 EDS 分析复合材料组织的晶粒变化和取向分布。

3.2 颗粒增强钢基复合材料的显微缺陷

3.2.1 气孔

在用球磨机机械混粉和将混合颗粒压入钢管的过程中,气体和水可能会吸附于 WC 混合颗粒表面,在复合电冶熔铸过程中将随 WC 颗粒一起进入电渣熔液,并且熔炼的温度达到 1 800 ℃以上,某些化学反应在高温下将生成气体,如果气体的逸出速度小于钢液的冷却速度,气体将留在钢液中形成气孔。复合材料中如果存在气孔缺陷,不但铸造件的有效截面积降低,局部区域还将引起应力集中,降低复合材料强度、韧性、耐磨性等。而且应力集中的地方容易成为断裂源的敏感区,极易引发裂纹甚至扩展断裂。

WC 颗粒增强钢基复合材料表面经研磨抛光后未浸蚀,在扫描电子显微镜下观察没有发现孔洞,如图 3-1 所示。图 3-1(a)为低倍率 200×,此时复合材料的显著特征为白区与暗区相间分布。从图 3-1(b)高倍率 2 500×可明显看出,白区是较硬的增强相集中而形成,而暗区是因为钢基体上分布着大量细小碳化物显现出来的。从整体来看,虽然局部区域有些团聚现象,出现一些较大块的颗粒,但增强颗粒较均匀地分布在钢基体上,复合材料密实无孔洞,在界面上没有明显的裂纹。

粉末冶金制备的复合材料,一般都存在多孔性问题,孔隙缺陷很难消除。而经复合电冶熔铸工艺制备的复合材料,实验测得相对密度为 97.3%,孔隙

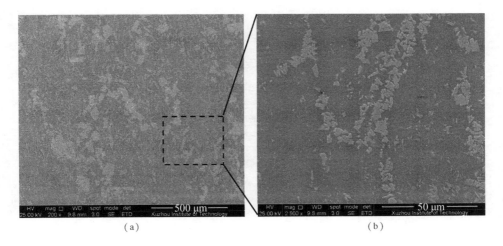

（a）　　　　　　　　　　　　　　（b）

图 3 - 1　复合材料未浸蚀的扫描电镜照片

少,致密高,很好地解决了这一缺陷难题。这是因为本节采用的复合电冶熔铸法有强烈的脱氧、除气作用,并且高温渣池覆盖在基体钢液上,使钢液自下而上沿着轴向快速结晶,而且在凝固过程中,铸件收缩时基体钢液会自动下降补偿,这样有利于钢液中剩余气体的排出,所以较难形成气孔。

3.2.2　夹杂

氧气在钢中的溶解度很低,钢液结晶凝固时,氧在钢液中的溶解度随着温度的降低进一步减小,从而 O 逐渐析出并与 Si、Mn 形成氧化物夹杂。铸件中的夹杂物将破坏复合材料的连续性,在后续的机械加工和热处理时,由于夹杂物和钢基体性能差别较大,在界面处产生内应力,易形成裂纹源,从而在服役过程中产生疲劳裂纹,导致断裂失效。

从图 3 - 1 可看出,复合材料表面没有夹杂物痕迹,这是因为在复合电冶熔铸过程中,钢液熔池和渣池在电磁搅拌力和热对流的共同作用下,使得夹杂物通过钢液薄膜向钢/渣界面移动,随后被炉渣吸附后溶解,并均匀扩散。这样夹杂物含量大为降低,基体钢液得到有效净化,所以复合材料内部不易存留夹杂物。

3.2.3　偏析

WC 颗粒增强钢基复合材料在冷却结晶凝固过程中,因 WC 颗粒与钢基体成分、结构、性能都差异较大,分界面处合金元素分布不均匀,出现枝晶偏析现象。结晶晶核是否为 WC 增强颗粒,WC 颗粒被液固界面排斥还是吞没,决定了枝晶偏析的出现。铸件凝固时,由于 WC 颗粒和从熔融钢液中析出的初晶 Fe 有较大的结构差异,Fe 无法以 WC 颗粒为晶核而结晶长大,所以 Fe 先结晶长大,将 WC 颗粒和其他溶质排开,赶到最后结晶的区域,即枝晶间的部位。铸件的冷却速度决定了液固界面对 WC 颗粒的推动效果,如果冷速较小,凝固界面将排斥 WC 颗粒;如果冷速较大,凝固界面将吞没 WC 颗粒。

假设 WC 颗粒的半径为 R,颗粒受固液界面的推动作用力为 F_γ,界面的移动速度为 v,而作用力 F_γ 与表面张力有关,即

$$F_\gamma = \frac{\pi R(\Delta\gamma_0)}{2} \qquad (3-1)$$

$$\Delta\gamma_0 = \gamma_{\mathrm{p,s}} - \gamma_{\mathrm{p,l}} \qquad (3-2)$$

式中　γ——表面张力;

　　　　p——颗粒;

　　　　s——固相;

　　　　l——液相。

WC 颗粒受到基体钢液的作用力为

$$\mathrm{d}F = \frac{4}{3}\pi R^3 g\Delta\rho\frac{\mathrm{d}x}{2d_0} + 6\pi\eta Rv\frac{\mathrm{d}x}{2d_0} \qquad (3-3)$$

式中　$\Delta\rho = \rho_{\mathrm{p}} - \rho_{\mathrm{l}}$;

　　　　d_0——原子半径;

　　　　η——黏度;

　　　　x——颗粒到固液界面的距离。

式(3-3)边界条件为

$$x = 2d_0, \quad F = F_{\mathrm{c}}(吞没力)$$

$$x = 2d_0 + 2R, \quad F = 0$$

对式(3-3)进行积分得

$$F_{c} = -\frac{1}{d_{0}}\left(6\pi\eta vR^{2} + \frac{4}{3}\pi R^{4}g\Delta\rho\right) \qquad (3-4)$$

当 $F_{c} = F_{\gamma}$ 时，$v = v_{c,r}$，则

$$v_{c,r} = \frac{1}{6\eta R}\left(\frac{\Delta\gamma_{0}d_{0}}{2} - \frac{4}{3}R^{3}g\Delta\rho\right) \qquad (3-5)$$

式中　$v_{c,r}$——临界速度。

鉴于 WC 颗粒与基体钢液会发生热传导，将式(3-5)改为

$$v_{c,r} = \frac{1}{6\eta R}\left[\frac{\Delta\gamma_{0}d_{0}}{2}\left(2 - \frac{\lambda_{p}}{\lambda_{1}}\right) - \frac{4}{3}R^{3}g\Delta\rho\right] \qquad (3-6)$$

式中　λ_{p}——WC 颗粒的热导率；

　　　λ_{1}——钢液的热导率。

将各参数代入式(3-6)，便可计算得出复合材料中避免枝晶偏析出现所需的最小冷却速度，因此在复合电冶熔铸过程中，通过改造设备，优化工艺，控制冷却速度，就能降低和避免枝晶偏析，生产出组织均匀的铸件材料。

不同冷却速度下 WC 颗粒的分布形态如图 3-2 所示，图 3-2(a)冷却速度慢，WC 颗粒被钢液排斥，产生枝晶偏析，且晶粒较大；图 3-2(b)冷却速度快，WC 颗粒被钢液吞没，避免枝晶偏析，且晶粒较细。

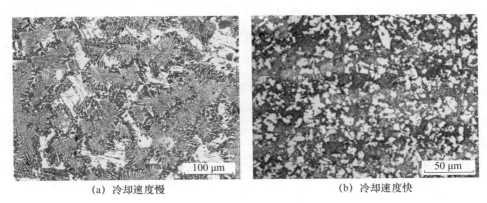

(a) 冷却速度慢　　　　　　　　　　　(b) 冷却速度快

图 3-2　不同冷却速度下 WC 颗粒的分布形态

3.2.4　颗粒团聚和聚集

颗粒团聚和聚集是颗粒增强复合材料的常见缺陷。颗粒团聚是指基体金

属液未浸润增强颗粒,使颗粒集结成一团,如图 3 - 3(a)所示;而颗粒聚集是指基体金属液已浸润增强颗粒,但颗粒没有均匀分散,还是呈现团簇现象,如图 3 - 3(b)所示。

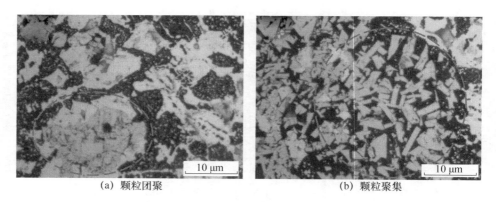

(a) 颗粒团聚   (b) 颗粒聚集

图 3 - 3　WC 颗粒的分布形态

WC 增强颗粒的分布状态是影响 WC 颗粒增强钢基复合材料性能的一个主要因素,WC 颗粒集中处容易诱发内应力,成为裂纹源头,如果出现过多的颗粒团聚或颗粒聚集,将使复合材料的力学性能大为降低,影响复合材料作为工模具使用的范围。复合电冶熔铸过程中,渣池温度高达 1 800 ℃,WC 与基体钢液的润湿角几乎为零,因此细小的 WC 颗粒润湿并融入钢基体中。但由于 WC 颗粒的密度大于钢基体的密度(WC 颗粒的密度为 15.7 g/cm^3,钢基体的密度为 7.80 g/cm^3),容易发生相对密度偏析现象。而且较低的自由能就能使 WC 颗粒聚集,故出现了图 3 - 3(b)中颗粒偏聚的现象。特别是选择小尺寸的 WC 颗粒或添加的 WC 含量过多,将导致钢液黏度增大,不易被搅拌流动,WC 颗粒不能均匀分散开,产生严重的颗粒聚集现象,降低复合材料的整体性能。

采用复合电冶熔铸工艺制备的 WC 颗粒增强钢基复合材料,WC 颗粒具有较好的分散度,团聚和偏聚程度小,这是因为电磁装置的剪切力、搅拌作用、热对流等综合作用效果都影响着自耗电极的熔化、WC 混合颗粒的融入、复合材料的结晶凝固这一完整过程,在金属熔池和渣池中产生强烈的搅拌,聚集的 WC 颗粒被搅拌剪切力打散;同时在结晶凝固时,金属熔池受到水冷结晶器底部和侧面的循环水的强制冷却作用,铸件的凝固由下向上逐层快速凝固,相对密度较大的 WC 颗粒来不及沉淀和聚集,能较均匀地分布在钢基体中。只要再适当控制好 WC 颗粒的粒度和含量,就能更好地解决颗粒团聚和聚集现象。

3.3　复合电冶熔铸过程中 WC 热力学分析

复合电冶熔铸过程中,需要分析 WC 硬质相颗粒在高温熔液中发生的溶解、析出效应,探讨颗粒形态、尺寸和晶体特征,以及 W 和 C 元素在同钢基体的复合界面处发生的扩散现象,这是影响复合材料性能的重要因素。而这些又先以热力学理论为基础来开展,通过热力学分析,理解熔炼和凝固过程中反应产物的相组成、长大机制及反应特点,从而更好地控制复合电冶熔铸工艺,制备出各项性能优劣的 WC 颗粒增强钢基复合材料。

3.3.1　热力学计算理论

在热反应过程中,通过热力学公式的计算来反映化学反应如何进行、移动的方向和能量的转换。化学反应的进行方向和平衡态势由熵 S 和自由能 G 决定,在热化学反应中,对吉布斯自由能函数 G 进行推导,下面为两个基本的热力学方程

$$\Delta G_T^{\ominus} = -RT\ln k_p \tag{3-7}$$

$$\Delta G_T^{\ominus} = \Delta H_T^{\ominus} - T\Delta S_T^{\ominus} \tag{3-8}$$

经过合并可得

$$\Delta H_T^{\ominus} - T\Delta S_T^{\ominus} = -RT\ln k_p \tag{3-9}$$

做恒等变换,可得

$$R\ln k_p = -\frac{\Delta H_T^{\ominus} - \Delta H_{T_0}^{\ominus}}{T} + \Delta S_T^{\ominus} - \frac{\Delta H_{T_0}^{\ominus}}{T} \tag{3-10}$$

式中　T_0——参考温度;

　　　$\Delta H_T^{\ominus}$——T 时的标准反应热效应;

　　　$\Delta H_{T_0}^{\ominus}$——T_0 时的标准反应热效应;

　　　$\Delta S_T^{\ominus}$——T 时的标准反应熵差。

由基尔霍夫(Kirchhoff)方程 $d\Delta H_T^{\ominus} = \Delta c_p dT$ 积分可得

$$\Delta H_T^{\ominus} - \Delta H_{T_n}^{\ominus} = \sum n_i (H_T^{\ominus} - H_{T_0}^{\ominus})_{生成物} - \sum n_i (H_T^{\ominus} - H_{T_0}^{\ominus})_{反应物} = \Delta(H_T^{\ominus} - H_{T_0}^{\ominus})$$

$$(3-11)$$

式中　$H_T^{\ominus} - H_{T_0}^{\ominus}$——反应相对焓差,表示生成物相对焓之和减去反应物相对焓之和。

T 时的标准反应熵差:

$$\Delta S_T^{\ominus} = \sum (n_i S_{i,T}^{\ominus})_{生成物} - \sum (n_i S_{i,T}^{\ominus})_{反应物} \qquad (3-12)$$

由式(3-10)~(3-12),再结合式(3-8),可得

$$-\frac{\Delta H_T^{\ominus} - \Delta H_{T_0}^{\ominus}}{T} + \Delta S_T^{\ominus} = \Delta\left(-\frac{G_T^{\ominus} - H_{T_0}^{\ominus}}{T}\right) \qquad (3-13)$$

定义式中 $-\dfrac{G_T^{\ominus} - H_{T_0}^{\ominus}}{T}$ 为物质吉布斯自由能函数 Φ_T,则

$$\Phi_T = \left(-\frac{G_T^{\ominus} - \Delta H_{T_0}^{\ominus}}{T}\right) = -\frac{\Delta H_T^{\ominus} - H_{T_0}^{\ominus}}{T} + \Delta S_T^{\ominus} \qquad (3-14)$$

任一反应的吉布斯自由能函数变化则为

$$\Delta \Phi_T = \Delta\left(-\frac{G_T^{\ominus} - \Delta H_{T_0}^{\ominus}}{T}\right) = -\frac{\Delta H_T^{\ominus} - H_{T_0}^{\ominus}}{T} + \Delta S_T^{\ominus} \qquad (3-15)$$

式中　$\Delta \Phi_T$——反应吉布斯自由能函数。

$\Delta \Phi_T$ 可由物质吉布斯自由能函数 Φ_T 求得

$$\Delta \Phi_T = \sum (n_i \Phi_{i,T})_{生成物} - \sum (n_i \Phi_{i,T})_{反应物} \qquad (3-16)$$

式(3-15)代回式(3-10)得

$$R\ln k_p = \Delta \Phi_T - \frac{\Delta H_T^{\ominus}}{T} \qquad (3-17)$$

式中　R——通用气体常数,取 $R = 8.314 \text{ J/K}$,并把自然对数化为常用对数,则式(3-17)改为

$$\lg k_p = \frac{\Delta \Phi_T}{19.147} - \frac{\Delta H_{T_0}^{\ominus}}{19.147T} \qquad (3-18)$$

参考温度 T_0 取 298 K,代入式(3-18),得

$$\lg k_p = \frac{\Delta \Phi_T}{19.147} - \frac{\Delta H_{298}^{\ominus}}{19.147T} \qquad (3-19)$$

或

$$\Delta G_T^{\ominus} = \Delta H_{298}^{\ominus} - T\Delta\Phi_T \tag{3-20}$$

再按式(3-20)计算 $\Delta G_T^{\ominus}$ 时,某一温度时的 $\Delta\Phi_T$,只可计算这一温度时的 k_p、$\Delta G_T^{\ominus}$,$298\sim T$ 中得到 $T-\Delta G_T^{\ominus}$、$T-\lg k_p$ 的相应值,再将反应热容 c_p 适用温度内 $\Delta\Phi_T$ 的算术平均值代入式(3-20),即可得到

$$\Delta G_T^{\ominus} = A + BT \tag{3-21}$$

式中　$B = -\Delta\Phi_T$,$A = \Delta H_{298}^{\ominus}$。

3.3.2　热力学分析

复合电冶熔铸过程中发生的热化学反应主要为 $W-C-Fe-Cr-Ni$,在熔炼、结晶凝固中可能发生的反应为

$$W + C \Longequal WC \tag{3-22}$$

$$2W + C \Longequal W_2C \tag{3-23}$$

$$7Cr + 3C \Longequal Cr_7C_3 \tag{3-24}$$

$$3Fe(\alpha) + C \Longequal Fe_3C \tag{3-25}$$

$$3Fe(\gamma) + C \Longequal Fe_3C \tag{3-26}$$

$$3Fe + 3W + C \Longequal Fe_3W_3C \tag{3-27}$$

式(3-22)~(3-26)各反应式的标准热力学函数值见表 3-1。$\Delta G^{\ominus}$ 随温度 T 的升高而发生变化,除 Fe_3C 在 1 021 K 以上温度时才能使 $\Delta G^{\ominus}<0$ 以外,其余各反应中的 $\Delta G^{\ominus}$ 总体上都会保持负值,即 WC、W_2C、Cr_7C_3 等相在高温下都倾向于自发生成。另外,$\Delta G^{\ominus}$ 值的大小反映了反应趋势的大小。如采用表中热力学函数值外推,在高温(>1 601 K)下 W_2C 的稳定性比 WC 的稳定性要高,所以在温度比较高的情况下 W_2C 更易形成。从表中可知 WC、W_2C、Cr_7C_3 都很稳定,在高温(>1 601 K)下的稳定性依次是:$Cr_7C_3 > W_2C > WC > Fe_3C$;而低温下 WC 反而比 W_2C 更加稳定,即 W_2C 会被 C 还原成 WC。

以上分析得出,在复合电冶熔铸过程中生成 WC、W_2C 和 Fe_3C 等物相,在热力学理论分析结果来看是可行的。

表 3 – 1　各反应式的标准热力学函数值

反应式	热力学函数	适用温度/℃
(3 – 22)	$\Delta G^{\ominus} = -42\ 260 + 4.98T$	900 ~ 1 302
(3 – 23)	$\Delta G^{\ominus} = -30\ 540 - 2.34T$	1 302 ~ 1 400
(3 – 24)	$\Delta G^{\ominus} = -153\ 600 - 37.2T$	25 ~ 1 857
(3 – 25)	$\Delta G^{\ominus} = 29\ 040 - 28.03T$	25 ~ 727
(3 – 26)	$\Delta G^{\ominus} = 11\ 234 - 11.0T$	727 ~ 1 137

3.3.3　复合材料中 WC 的形态

相关文献指出,电冶熔炼的复合材料,WC 颗粒呈三棱柱形。如图 3 – 4 所示,WC 为六方晶体结构,W 原子在(0,0,0)位置,C 原子在(1/3,2/3,1/2)位置($a = 0.290\ 6$ nm,$c = 0.283\ 7$ nm)。WC 晶粒沿$\langle 0001 \rangle$和$\langle 11\bar{2}0 \rangle$方向的投影分别为截断三角形和矩形。由于 WC 不存在对称中心,所以$\{10\bar{1}0\}$和$\{0\bar{1}10\}$两晶面族并不相同。一直以来所有的观测实验都显示其中一组棱柱面的生长明显优于另外一组。

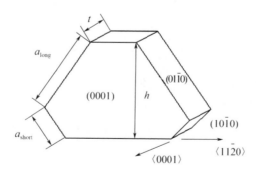

图 3 – 4　面的 WC 晶粒示意图

在 Christensen 等所做的理论分析中,以截断因子 $r = \sum a_{\text{short}} / \sum a_{\text{long}}$ 表示两组棱柱面的长度比,用来衡量两组棱柱面长大速度比并能够体现两组棱柱面的相异性；WC 晶粒较大棱柱面和较小棱柱面分别表示为 P_{long} 和 P_{short}，并分别对应最大表面能 $\gamma^{P_{long}}$ 和最小表面能 $\gamma^{P_{short}}$。截断因子 r 可进一步表示为

$$r = \frac{(2\gamma^{P_{long}}/\gamma^{P_{short}}) - 1}{2 - (\gamma^{P_{long}}/\gamma^{P_{short}})} \qquad (3-28)$$

在假定的平衡形状中 r 取决于两种棱柱面的表面能，且变化范围介于 0 ~ 1 之间。当 $r=0$ 即 $\gamma^{P_{long}} = \gamma^{P_{short}}/2$ 时，对应于截断三角形 WC 晶粒；当 $r=1$ 时，各棱柱面具有相同界面能且对应六角形 WC 晶粒。由上可以推断，$\{10\bar{1}0\}$ 和 $\{0\bar{1}10\}$ 棱柱面界面能的变化是 WC 晶粒形状呈现不同特征的根本原因。

图 3-5 所示为 EBSD 和 EDS 在扫描电镜下联用拍摄的 WC 颗粒增强钢基复合材料中 WC 的形貌和物相分布情况。图 3-5(b) 中三角形和四边形为 WC 相，细长条状和大块状为 Fe_3W_3C 相，而其余占大部分区域的背底为马氏体，因该试样经过淬火和回火处理，结合图 3-5(a) 可知为细小的隐晶回火马氏体。且从图 3-5(c) 晶粒分布图中还可看出，WC 颗粒的尺寸均小于 20 μm，有的更为细小的应该是冷却过程中溶液过饱和而重新析出的 WC。同时钢基体中的晶粒也十分细小，尺寸均匀，这说明复合冶金熔铸工艺制备的 WC 颗粒增强钢基复合材料，经热处理后晶粒得到细化，这对提高复合材料的强度、韧性和塑性均有益处。

其他试样中 WC 相也呈现出三角形或矩形状态，未出现上面所述的六角形或截断角的 WC 晶粒。这是因为添加的 WC 含量过高，在复合电冶熔铸过程中，C 原子在高温钢液中充分溶解扩散，在富碳环境下形成三角形的 WC 晶粒；而截断角的 WC 晶粒一般只在富 W 的条件下形成，所以未观察到。

电冶熔铸过程中，WC 与 W_2C 在高温钢液中交替生成，但通过水冷结晶器凝固温度降低时，一部分 W_2C 转变形成 WC。晶面具有各向异性的特点，在 WC 发生结晶时，晶面表面能的差异将导致 WC 晶粒生长时以 (0001) 面为基准面，沿 ⟨0001⟩ 方向以分层的形式不断长大，表现出多层的堆垛结构，最终形成如图 3-6 所示的具有独特形貌的三维形态。

(a) 表面形貌

WC　　Fe₃W₃C　　M马氏体

(b) 物相分布

(c) 晶粒分布

图 3 – 5　WC 颗粒增强钢基复合材料中 WC 颗粒的形貌、物相和晶粒分布

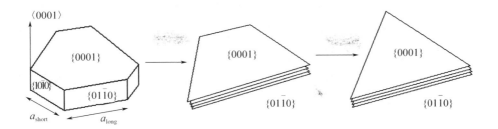

图 3 – 6　WC 的形核与长大示意图

3.4　熔铸原始态显微组织

3.4.1　WC 的质量分数为 25%,颗粒尺寸 100 μm

当添加的 WC 颗粒的质量分数为 25%,颗粒尺寸 100 μm 时,复合材料的显微组织如图 3 – 7 所示。从图 3 – 7(a)中可看出铸造状态下,白色的硬质相碳化物较均匀地分布在暗色的钢基体中。由于 WC 颗粒含量少些,很多溶解于钢基体中,凝固后沿晶界析出不连续的网状碳化物。从图 3 – 7(b)可见,材料的铸态组织特征较为明显,出现类似铸铁中的一次渗碳体的长条状组织和细的鱼骨状网络组织,且暗色的钢基体上分布许多细小的碳化物。复合材料的显微组织主要由马氏体、残余奥氏体、鱼骨状的共晶莱氏体和各类碳化物组成。

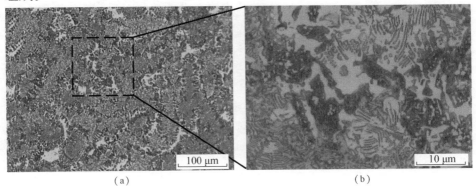

（a）　　　　　　　　　　　　　（b）

图 3 – 7　25%WC 复合材料的显微组织

由于复合材料中含有较多量的 W 及一些 Cr、Ni、Mo 等合金元素,生成明显的鱼骨状(较细)或骨骼状(较粗)的共晶莱氏体组织。在复合电冶熔铸过程中,高温钢液在水冷结晶器作用下快速冷却凝固时,液相转变为奥氏体,同时析出合金渗碳体或复式碳化物,并不断长大。当合金部分或全部熔融,则在熔融部分出现莱氏体。

为了分辨清楚黑色块状组织,分别采用二次电子像和 BSED 背散射电子像模式进行了扫描电镜观察。二次电子像表现的是样品表面形貌,而背散射电子像的衬度反映了对应样品位置的平均原子序数,这是因为背散射电子的产额随原子序数增大而增大,对应样品中平均原子序数大的区域图像较亮,对应样品中平均原子序数小的区域图像较暗,所以可用于定性分析材料的成分分布和显示相的形状和分布。如图 3 − 8 所示,许多细小碳化物分布在钢基体上。对试样进行 X 射线衍射分析,检测结果如图 3 − 9 所示,25% 粗 WC 复合材料的物相主要为 WC、Fe_3W_3C、Fe_3C、$M_{23}C_6$ 和 M_7C_3 相。

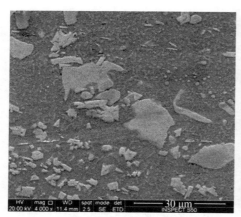 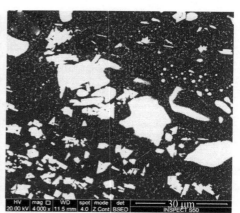

(a) 二次电子像　　　　　　　　　　(b) 背散射电子像

图 3 − 8　25% WC 复合材料的 SEM 图

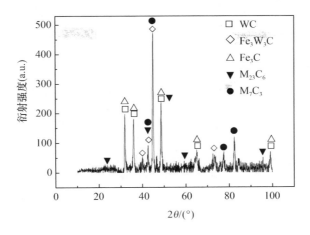

图 3 - 9　25％WC 复合材料的 X 射线衍射图

　　为了分辨图 3 - 8(b)中大的白色块体、长条状组织和小的多边形、长条状组织物相,弄清楚黑色区域碳化物的类别,并研究复合材料中元素分布情况,用能谱仪对图 3 - 10 中各区域的 8 个微区部位进行了元素点扫描分析,检测结果如图 3 - 10 所示。

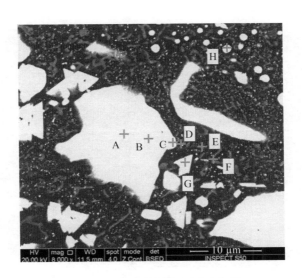

图 3 - 10　25％WC 复合材料的 EDS 点扫描

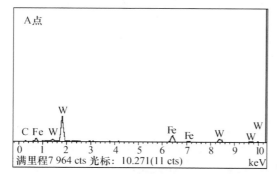

A点

满里程7 964 cts 光标: 10.271(11 cts)

元素	质量分数/%	原子数分数/%
C	4.77	32.10
Fe	25.87	37.42
W	69.36	30.48

B点

满里程7 964 cts 光标: 10.271(11 cts)

元素	质量分数/%	原子数分数/%
C	6.18	38.28
Fe	25.61	34.12
W	68.21	27.60

C点

满里程7 964 cts 光标: 10.271(5 cts)

元素	质量分数/%	原子数分数/%
C	8.25	37.95
Fe	50.02	49.50
W	41.73	12.55

D点

满里程7 964 cts 光标: 10.271(6 cts)

元素	质量分数/%	原子数分数/%
C	7.69	29.54
Cr	0.86	0.76
Fe	81.30	67.15
W	10.15	2.55

续图 3-10

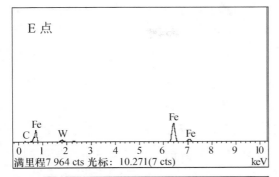

元素	质量分数/%	原子数分数/%
C	6.47	25.36
Fe	86.43	72.82
W	7.09	1.81

元素	质量分数/%	原子数分数/%
C	8.61	31.45
Cr	1.60	1.35
Mo	1.16	0.93
Fe	81.12	63.71
Ni	1.51	1.13
W	6.00	1.43

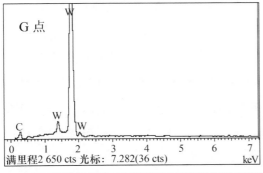

元素	质量分数/%	原子数分数/%
C	10.73	64.78
W	89.27	35.22

元素	质量分数/%	原子数分数/%
C	7.69	29.54
Cr	0.86	0.76
Fe	81.30	67.15
W	10.15	2.55

续图 3 - 10

由图 3-10 可知,A 点位于白色大块体的中心部位,主要含有 Fe、W、C 三种元素,原子数分数分别为 37.42%、30.48% 和 32.10%,结合 X 射线衍射结果,分析为 Fe_3W_3C 碳化物;由中心向颗粒与钢基体的边界处移动,在 B 点测试 Fe、W、C 三种元素的原子数分数为 34.12%、27.60%、38.28%,对比 A 点可知 W 元素的原子数分数减少,而 Fe、C 两种元素的原子数分数有所增加;然后在颗粒内靠近边界处的 C 点检测出 Fe、W、C 三种元素的原子数分数分别为 49.50%、12.55%、37.95%,W 元素的原子数分数进一步降低,Fe 元素的原子数分数大幅提高,而 C 元素的原子数分数变化不大;在边界靠近钢基体的 D 点进行点扫描,检测出 Fe、W、C、Cr 四种元素,其中 W 元素的原子数分数降低到 2.55%,而 Fe 元素的原子数分数猛增到 67.15%,其他两种元素 C 为 29.54%、Cr 为 0.76%,说明钢基体中只溶有很少的 W,富含 Fe 元素,合金元素 Cr 很少,铸造所用自耗电极用的是 5CrNiMo 钢,没有检测出 Ni 和 Mo 元素,是因为扫描电子显微镜在放大 8 000× 下进行二次电子扫描,属于微区原位分析,Ni 和 Mo 元素基体含量很少,在这么小的区域内不一定能检测出。

综合以上 A、B、C、D 四点的分析,可以得出在复合电冶熔铸过程中,WC 颗粒与基体钢液之间发生了一系列的物理化学反应,因 WC 颗粒与钢液的 W 含量有着巨大的差异,导致颗粒与钢基体间发生元素的相互扩散,由于颗粒中 W 元素的高浓度而扩散进入钢基体中,因此白色颗粒 W 元素原子数分数从中心向边界处递减。同时,钢基体中高浓度的 Fe 元素也扩散进入 WC 颗粒中,造成边界处由基体到 WC 颗粒内 Fe 元素的原子数分数递减。其他钢基体中含有的 Cr、Ni、Mo、C 等元素也一起发生相互扩散。Fe、Cr、Ni、Mo、C 原子半径较小,易于在边界处扩散,且扩展距离较远;而 W 原子半径较大,扩散进入钢基体中稍显困难,且扩散距离较近。这也可由图 3-11 增强颗粒与钢基体界面的 EDS 线扫描看出,曲线 Fe 元素的含量从颗粒至钢基体陡然升高,而曲线 W 元素的含量从颗粒至钢基体迅速降低,二者呈现相反的变化趋势,其他 Cr、Ni、Mo、C 等元素曲线变化不大,这可能是因为元素含量不高,扩散趋势不明显。

在远离 D 点的钢基体 E 点处测得 Fe、W、C 三种元素的原子数分数分别为 72.82%、1.81%、25.36%,Fe 元素的原子数分数进一步提高,W 元素的原子

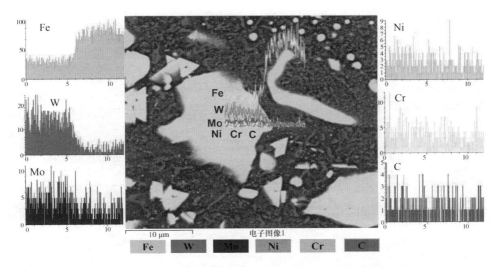

图 3 – 11　增强颗粒与钢基体界面的 EDS 线扫描

数分数浓度继续下降,这说明远离周围颗粒的钢基体中 Fe 元素的原子数分数达到最大,在熔炼结晶凝固过程中,随着温度的降低,有部分熔解的 WC 又重新析出,使得远离颗粒的钢基体中也含有少量的 W。

另外对暗区钢基体上弥散分布的细小棒状和粒状进行点扫描,F 点处测得 Fe、C 元素的原子数分数分别为 63. 71% 、31. 45% ,其他 W、Cr、Ni、Mo 的含量均很少,说明主要为碳化物结晶体 Fe_3W_3C 和 $M_{23}C_6$ 。相关文献指出,$M_{23}C_6$ 是一种 Cr 的碳化物,具有复杂面心立方晶格结构,主要是 Cr、Fe 元素,Fe 元素可取代 30. 40% Cr 熔入 $M_{23}C_6$ 中,能少量熔入 W、Mo、V 等元素。钢中含有质量分数为 1. 2% 的 W、Mo 或 V 元素时,$M_{23}C_6$ 碳化物弥散度高,会出现沉淀硬化效应。$M_{23}C_6$ 淬火加热时熔入奥氏体,回火时会析出 M_2C 和 MC,引起回火二次硬化效应。

G 点处白色三角形颗粒分析为 $x(W)$ = 35. 22% 、$x(C)$ = 64. 78% ,其为熔解后析出的 WC,较好保留了 WC 颗粒的原始形貌。H 点处的白色小圆球状颗粒,$x(Fe)$ = 67. 15% 、$x(W)$ = 2. 55% 、$x(C)$ = 29. 54% 、$x(Cr)$ = 0. 76% ,析出的主要是以 Fe 为主的二次碳化物。

为了更为直观地观察图 3 – 10 中各元素的分布情况,用能谱仪进行面扫描,分析结果如图 3 – 12 所示。由于 Fe 和 W 元素的含量较高,元素分布状态比较清晰,白亮块状基本聚集了 W 元素,而暗黑色基体区域分布着大量的 Fe 元素,其他 C、Cr、Ni 元素含量不多,分布不是很明显。

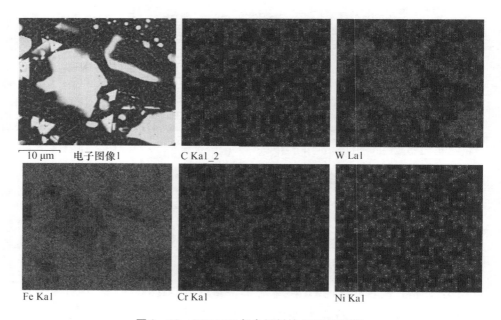

图 3 - 12　25%WC 复合材料的 EDS 面扫描

3.4.2　WC 的质量分数为 35%,颗粒尺寸 100 μm

本组 WC 颗粒增强钢基复合材料试样的 WC 的质量分数增大到 35%,颗粒尺寸为 100 μm 的粗颗粒,目的是为了更好地研究 WC 颗粒在复合电冶熔铸时发生的溶解、析出效应,如果选择颗粒度过小的 WC,则可能更容易被高温基体钢液溶解掉或保留下来的颗粒尺寸过小而不易观察分析。

由图 3 - 13 可见,中部位置大块 WC 颗粒大致呈现出椭圆形的特征,而且在此大颗粒 WC 周围弥散分布着许多小颗粒物,包裹形成一圈的反应层。测量其显微硬度达到 HV1 556.3,而 WC 的显微硬度一般为 HV2 080,所以初步判定这些小颗粒不是 WC。采用能谱分析的方法,在 A 点进行点扫描,测量结果如图 3 - 14 所示,主要包含 Fe、W、C 三种元素,原子数分数分别为26.64%、28.39%、44.97%,结合图 3 - 15 的 X 射线衍射分析结果,可知这些包裹的小

颗粒物为 Fe_3W_3C。

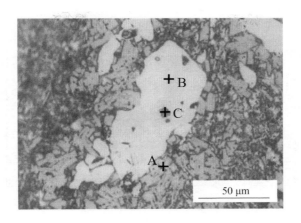

图 3 - 13　35% WC 复合材料的显微组织

　　测量中间白色椭圆状大颗粒的显微硬度为 HV2 025.4,对 B 点进行 EDS 点扫描,检测结果如图 3 - 14 所示,主要包含 W、C 两种元素,这是电冶熔铸过程中没有被溶解而保留下来的 WC 颗粒,因为 WC 颗粒周围包裹着一圈 Fe_3W_3C 的反应层,阻碍了 WC 颗粒与钢基体之间元素的相互扩散,从而较好地保留了 WC 的形态,增强相的存在也为复合材料硬度和耐磨性的提高提供了保障。如果 WC 颗粒粒度较大($\geqslant 100$ μm),将在 WC 颗粒边缘与内部同时发生溶解反应,反应层 Fe_3W_3C 主要通过颗粒边界的溶解、扩散、化学等一系列反应形成。从图 3 - 13 还可见白色椭圆状大颗粒中心部位被溶解,其显微硬度高达 HV2 218.5,通过对 C 点进行 EDS 点分析,结果如图 3 - 14 所示,C 点主要包含 W、C 两种元素,结合起来分析,这是因颗粒内部溶解脱碳而生成的 W_2C,因为 W_2C 的显微硬度远高于 WC。从图 3 - 15 的 XRD 分析结果也证实了 W_2C 的存在。

　　测量 WC 大颗粒周围钢基体的显微硬度为 HV545.2,基体主要为先共晶 γ 和析出的碳化物。由于组织细小,显微硬度压头压入基体测量时也会受到碳化物的影响,因此会偏高些。

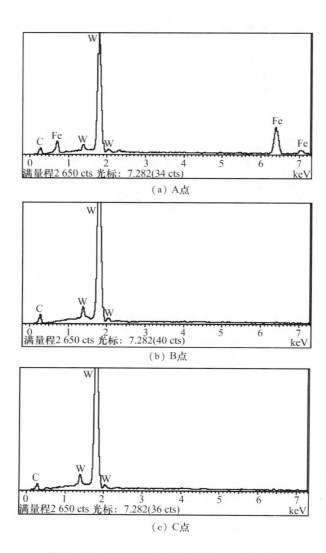

（a）A点

（b）B点

（c）C点

图 3－14　35％WC 复合材料的 EDS 点扫描

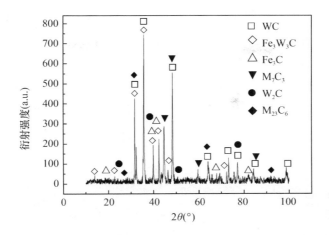

图 3 – 15　35％WC 复合材料的 X 射线衍射图

3.4.3　WC 的质量分数为 45％,颗粒尺寸 100 μm 和 50 μm

研究表明,在 1 250 ℃,WC 在纯 Fe 中的溶解度达到 7％。因此在复合电冶熔铸过程中,WC 颗粒局部溶入基体钢液,增大了基体的 W 和 C 的质量分数,如溶入 7％WC,就相当于增加了 0.43％C,加入其他合金元素的相互扩散,使共析点左移,进入过共析区甚至亚共晶区,钢基体由原 5CrNiMo 亚共析钢成分组织转变为过共析或者亚共晶成分组织。质量分数为 45％的 WC 颗粒已属于较高含量的颗粒增强钢基复合材料,其中 C 的质量分数约为 2.9％,因此高温熔液在水冷结晶器的快速冷却作用下,能很快结晶凝固,这样首先从液相中析出先共晶相,在随后的共晶反应过程中,转变生成莱氏体组织。熔炼过程中,金属熔液在电磁搅拌力的作用下发生流动,温度场、浓度场、结晶凝固速度、颗粒与钢基体界面发生溶解和析出效应,多种复杂因素相互影响,使得铸件的显微组织呈现多样性。

图 3 – 16 所示为 100 μm 粗颗粒和 50 μm 细颗粒、质量分数为 45％的 WC 颗粒增强钢基复合材料的显微组织,在 100 × 的低倍率下体现了 WC 颗粒分布的整体状态,很明显两种材料的碳化物颗粒在钢基体中都分布较为均匀,图 3 –16(b)比(a)中的 WC 颗粒明显细小且更为弥散分布,偏聚现象不严重。而且相对于图 3 –7 含有 25％WC 的复合材料,析出的碳化物已不在晶界处分

布,较多分布于晶内,使晶体承受外力发生滑移的阻力增大,表现出复合材料整体强度的提高。在 500× 的高倍率下进一步细致地观察组织,如图 3-17 所示,可以看到碳化物呈现出不同形态,有不规则块形、大的长条片形、短棒状和小颗粒形等。结合上面分析和图 3-18 的 XRD 检测结果,可知不规则块形为 Fe_3W_3C 复式碳化物,大的长条片形为 Fe_3W_3C 复式碳化物和 Fe_3C 碳化物,短棒状和小颗粒形为 Fe_3W_3C 复式碳化物和 $M_{23}C_6$ 碳化物。

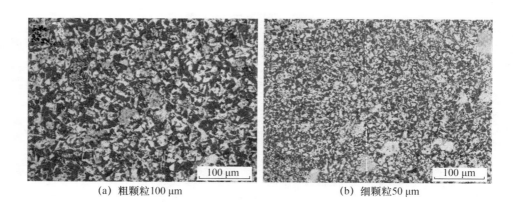

(a) 粗颗粒100 μm   (b) 细颗粒50 μm

图 3-16　45%WC 复合材料的显微组织

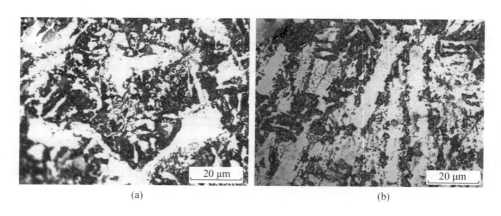

(a)   (b)

图 3-17　45%WC 复合材料中不同碳化物的显微组织

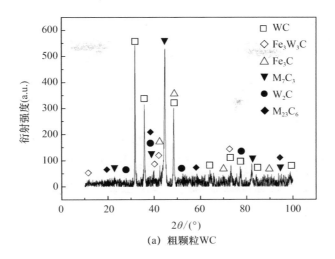

(a)　粗颗粒 WC

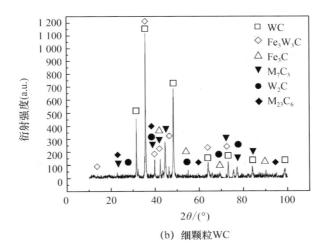

(b)　细颗粒 WC

图 3 – 18　45% WC 复合材料的 X 射线衍射图

　　对粗颗粒的 45% WC 复合材料的钢基体进行 EDS 点扫描,分析结果为扩散到钢基体中 W 的质量分数为 26% 左右,而对比图 3 – 10 中 25% WC 复合材料的钢基体 E 点测得 W 的质量分数为 7.09%,因此当添加的 WC 质量分数越高,沉淀析出的 W 化合物也越多,且 W 的质量分数也越高,并且显微组织也随着 WC 质量分数的增加而变得更加复杂多样。

3.5 锻造退火态显微组织

一般钢铁的热处理技术均能应用于对应钢基体的颗粒增强钢基复合材料。颗粒增强钢基复合材料只经过铸造,其性能不是很好,不适宜机械加工,而且产品也以退火毛坯供应。为了进一步降低硬度,改善可加工性,或对已淬火的颗粒增强钢基复合材料进行改制,可施行退火处理。退火是将其加热到临界点以上,保温一定时间后,以规定的冷却速度冷却到室温。以亚共析钢为基体的颗粒增强钢基复合材料退火温度为

$$t_{退火} = A_{c_3} + (50 \sim 100\ ℃) \tag{3-29}$$

以过共析钢为基体的颗粒增强钢基复合材料退火温度为

$$t_{退火} = A_{c_1} + (50 \sim 100\ ℃) \tag{3-30}$$

由于在复合电冶熔铸过程中,WC 颗粒局部溶入基体钢液,增大了基体的 W 和 C 含量,加上其他合金元素的扩散,共析点左移,所以采用以过共析钢为基体的颗粒增强钢基复合材料退火温度式(3-30)计算。

颗粒增强钢基复合材料的退火温度比合金钢要高些,一是因为 WC 增强相的存在对奥氏体晶粒的长大有阻碍作用,并能引起珠光体的转变;二是退火温度高些,使得基体奥氏体化,并加速二次碳化物的溶解,消除碳化物桥接的有害缺陷,增强基体的韧性。但是如果退火加热温度太高,又导致复合材料的硬度降低,还会出现碳化物集聚现象,生成粗大的碳化物组织,使后续的淬火热处理工艺效果减弱,并影响复合材料的整体性能。

退火加热的保温时间要保证基体的奥氏体化,但不一定要求奥氏体成分的均匀化。如果保温时间太长,将使得碳化物集聚,显微组织变得粗大,有时还会生成稳定的碳化物,要是 WC 含量高的复合材料,整体含碳量高时,还会出现石墨化。综上所述,本实验采用等温退火工艺,在 880 ℃加热 4 h,再在 740 ℃等温 4 h,炉冷到 500 ℃,然后进行出炉冷却到常温,采用此种工艺可以获得预期的退火效果。

复合电冶熔铸过程中,WC 颗粒在高温下部分溶解到钢液中,增大了钢基体的合金化程度,Fe-W-Cr-C 相图中四元共晶点将发生左移,在结晶凝固

时发生共晶反应,生成枝晶沿择优方向呈对称性生长的共晶体组织,通过 EDS 检测主要含有 Fe、W、C 三种元素,结合图 3 – 9 的 X 射线衍射分析结果,可知共晶体组织为 γ + Fe_3W_3C 的共晶莱氏体。对于 WC 质量分数高的复合材料,熔铸时容易生成 γ + Fe_3W_3C 共晶。

复合材料经退火处理后又经充分的锻造,其中粗颗粒 45% WC 复合材料的显微组织如图 3 – 19 所示。由图可见原来沿择优方向呈对称性生长的共晶体组织发生了断裂,变成了较小块的锚状组织,这是由复合材料经反复锻打后破碎造成的,但是其热力学稳定性很高,热处理不易使这种组织形态发生太大变化,只能采用锻造等大变形工艺使其发生碎断,但还是保持较大形态。其他熔铸原始态具有的长条片状组织很多溶入钢基体中,一些大块状组织分解形成新的析出相,鱼骨状组织也被破碎开,多数短棒状和粒状的碳化物均匀分散在钢基体中,晶粒得到细化,组织获得改善。

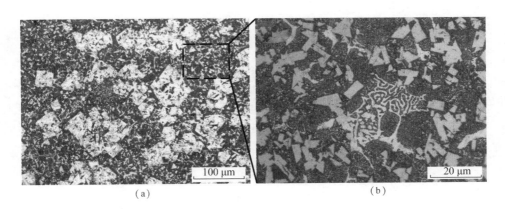

（a）　　　　　　　　　　　　　　（b）

图 3 – 19　粗颗粒 45% WC 复合材料的显微组织

对复合材料锻造退火态的试样分别进行了 X 射线衍射分析,X 射线衍射结果如图 3 – 20 所示,主要物相含有 WC、W_2C、Fe_3W_3C、Fe_3C、M_7C_3 和 $M_{23}C_6$ 相。复合材料经退火、锻造后优化了组织结构,硬度降低,韧性提高,使材料具有更好的切削加工性。

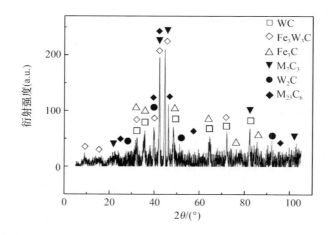

图 3-20 锻造退火态试样的 X 射线衍射图

3.6 淬火回火态显微组织

3.6.1 淬火温度对 WC 颗粒增强钢基复合材料显微组织的影响

复合材料经热处理后直接观察,试样表面未发现裂纹等缺陷,说明该复合材料的热处理性能良好。淬火的目的是使钢基体转变为高度合金化的马氏体组织,从而获得良好的力学性能。颗粒增强钢基复合材料的过热敏感性小,因此淬火时均采用较高的加热温度。合金中存在大量的硬质相,对奥氏体晶粒的形成与长大能起到阻碍作用;钢基体中的合金碳化物溶解奥氏体后,阻碍了铁和碳原子的扩散,也进一步阻碍了奥氏体晶粒的形成与长大,故提高并扩大了奥氏体形成温度和范围。WC 颗粒增强钢基复合材料也同样具备这种特点,因此选择 950 ℃以上较高的淬火加热温度。复合材料淬火后应尽快进行低温回火处理,以消除淬火时产生的内应力并防止开裂,同时也是为了调整组织结构,使力学性能达到使用要求。

图 3-21 所示为细颗粒 45% WC 复合材料在不同淬火温度、同一回火温度下的显微组织图。图 3-21(a) 在 950 ℃淬火 +220 ℃回火条件下,钢基体中存在着平行分布的长条状组织和较细些的网状、条块状组织,钢基体为隐晶

回火马氏体、残余奥氏体和二次碳化物。复合材料奥氏体化后,原增强相中富含的 W、C 元素以及 Cr、Ni、Mo 等合金元素将向含量相对较少的钢基体中转移,造成 M_s 点下降,保留较多的残余奥氏体,且复合材料在油中冷却时,过冷度大,易生成细小的针状马氏体。而残余奥氏体又将在后续的低温回火时,在钢基体中逐步熔解。

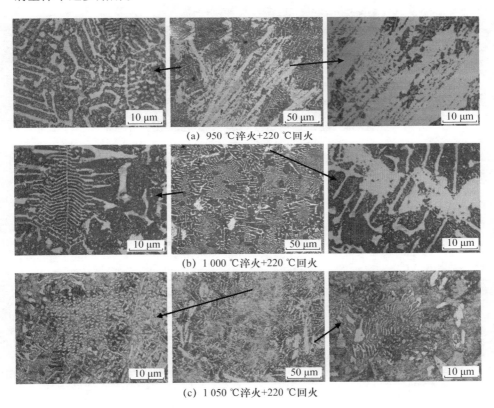

(a)　950 ℃淬火+220 ℃回火

(b)　1 000 ℃淬火+220 ℃回火

(c)　1 050 ℃淬火+220 ℃回火

图 3-21　细颗粒 45%WC 复合材料的显微组织

结合图 3-22 中 A 点 EDS 的分析结果和图 3-23 中该复合材料的 X 射线衍射分析图,可知这些长条状组织和较细些的网状、条块状组织为 Fe_3W_3C 复式碳化物和 M_7C_3 碳化物。因为选用的细颗粒 WC 尺寸较小,在熔炼和淬火过程中大部分溶解,所以在图中不明显。淬火后长条状碳化物部分溶解,图中 B 处溶解析出以 W 为主的复式碳化物,而 C 处 W 的质量分数只有 10.68%,主要是以 Fe 为主的碳化物。

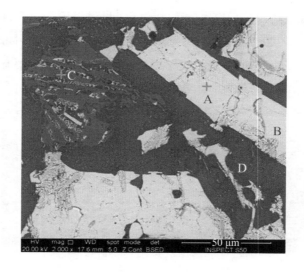

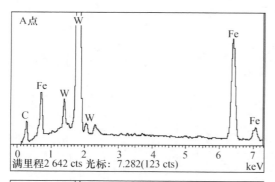

元素	质量分数/%	原子数分数/%
C	8.97	49.11
Fe	22.36	26.33
W	68.66	24.56

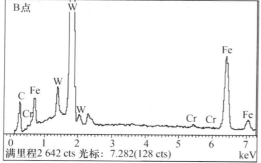

元素	质量分数/%	原子数分数/%
C	12.61	60.67
Cr	0.48	0.53
Fe	15.94	16.49
W	70.97	22.30

图 3-22 细颗粒 45%WC 复合材料的 EDS 点扫描

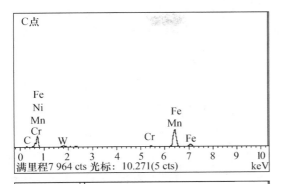

元素	质量分数/%	原子数分数/%
C	14.90	47.34
Cr	2.65	1.94
Mn	0.94	0.65
Fe	68.84	47.05
Mo	2.00	0.79
W	10.68	2.22

元素	质量分数/%	原子数分数/%
C	11.98	56.91
Fe	22.20	22.67
W	65.82	20.42

续图 3-22

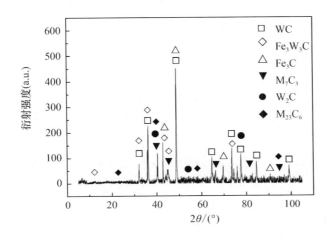

图 3-23　细颗粒 45％WC 复合材料热处理后的 X 射线衍射图

图 3-21(b)在 1 000 ℃淬火+220 ℃回火条件下,由于加热温度升高,碳化物逐步溶解,细小的点状碳化物在钢基体中大量析出,网状碳化物的断网、碎化更为明显,长条状和团块状碳化物继续溶解,可见细树枝状共晶组织,隐晶马氏体基体上有大量的残余奥氏体和二次碳化物。淬火加热温度低时,团块状碳化物的溶解只能在内部的某一点或其他很少的几点开始溶解,溶解速度较慢;而当淬火温度较高时,将从碳化物的内部和边缘各个不同的点开始溶解,溶解面分布较广,因此溶解速度加快。

图 3-21(c)在 1 050 ℃淬火+220 ℃回火条件下,此时淬火加热温度很高,长条状和团块状碳化物的溶解加剧,网状碳化物大量碎化并溶解,残余奥氏体量继续增加,基体上分布大量的细小点状和棒状二次碳化物。树枝状和鱼骨状共晶碳化物比较稳定,枝晶均沿择优方向呈对称性生长,如果淬火加热温度较低,则变化不明显;但在 1 050 ℃加热时,此类碳化物仍能较好地保持原始形态,热力学稳定性很高。研究表明,简单的热处理不易消除树枝状和鱼骨状的共晶碳化物,此类碳化物的高硬度和结构特点,造成复合材料脆性增大,容易在枝晶处形成裂纹源,萌生微裂纹。网状和条块状碳化物具有相对低的熔点,因此在淬火时将在钢基体中发生部分溶解。

随着淬火温度的不断升高,长条状和团块状碳化物加速溶解,网状碳化物逐渐断网和碎化,有利于提高材料的强韧性。但合金元素也过多地进入到钢基体中,使 M_s 点下降,残留奥氏体含量增多,降低了复合材料的整体硬度和耐磨性,后面第 4 章和第 7 章的实验也证明了这一点。因此,选择适宜的淬火温度十分必要,在强度和硬度满足使用要求时,适当提高加热温度使碳化物溶解和碎化,获得综合性能优良的复合材料。通过分析淬火、回火后的组织及材料的硬度,可知最佳淬火温度为 980～1 010 ℃。

3.6.2 回火温度对 WC 颗粒增强钢基复合材料显微组织的影响

回火是为了改善淬火钢的组织,降低材料的强度和硬度,使内应力减少或消除,提高钢的韧性。由于回火加热温度低,所以复合材料的组织变化主要反映在钢基体上,表现为马氏体的分解、碳化物的溶解析出、残留奥氏体的转变和二次碳化物的偏聚与球化。粗颗粒 45% WC 复合材料在 1 050 ℃高温淬火后,分别在 220 ℃ 和 300 ℃ 下回火的组织如图 3 - 24 所示,主要为隐晶回火马氏体、残留奥氏体及碳化物。

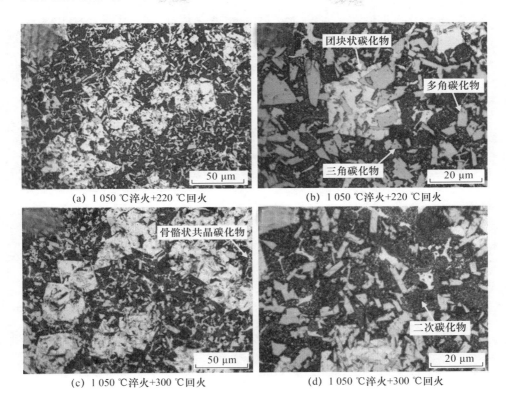

(a) 1 050 ℃ 淬火+220 ℃ 回火

(b) 1 050 ℃ 淬火+220 ℃ 回火

(c) 1 050 ℃ 淬火+300 ℃ 回火

(d) 1 050 ℃ 淬火+300 ℃ 回火

图 3 - 24　粗颗粒 45% WC 复合材料的显微组织

结合图 3 - 24 的显微组织、图 3 - 25 的能谱测试和图 3 - 26 的 X 射线衍射物相分析结果,可看出四种类型的碳化物:一是原始 WC 颗粒,如果原 WC 颗粒度较粗,在冶炼和热处理过程中溶解较少,变化较小,而细小的原 WC 颗粒则较多的溶解在钢基体中;二是较大的团块状颗粒,内部和边缘部分发生溶解,为 Fe_3W_3C 复式碳化物;三是枝晶状碳化物,为 Fe_3W_3C 复式碳化物或 M_7C_3 碳化物,这种共晶碳化物在复合电冶熔铸过程中产生,具有很强的热力学稳定性;四是从钢基中析出的弥散分布的二次碳化物,为 Fe_3W_3C 复式碳化物或 $M_{23}C_6$ 碳化物。

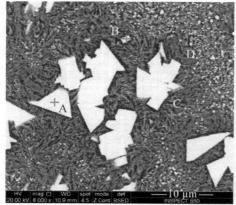

（a）电子背散射像

（b）二次电子像

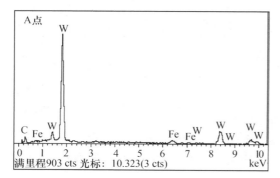

A点

元素	质量分数/%	原子数分数/%
C	19.10	77.17
Fe	2.44	2.12
W	78.46	20.71

满里程903 cts 光标：10.323(3 cts)

B点

元素	质量分数/%	原子数分数/%
C	21.57	68.04
Fe	33.45	22.69
W	44.98	9.27

满里程903 cts 光标：10.323(3 cts)

图3-25　粗颗粒45%WC复合材料的EDS点扫描

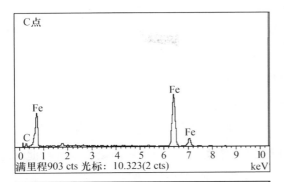

元素	质量分数/%	原子数分数/%
C	17.93	50.39
Fe	82.07	49.61

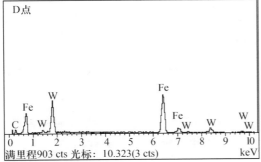

元素	质量分数/%	原子数分数/%
C	17.78	57.97
Fe	50.20	35.21
W	32.03	6.82

续图 3 – 25

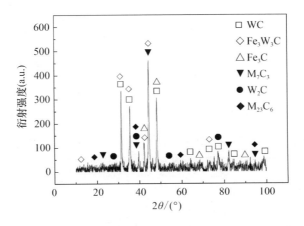

图 3 – 26　粗颗粒 45％WC 复合材料热处理后的 X 射线衍射图

第一类碳化物中主要包括尖棱的三角状和四角状两种 WC 颗粒,颗粒边缘呈线性,边角有被钝化,与钢基体的分界面很清晰,大多数颗粒之间较为孤立,很少有桥接现象。桥接现象是由于 WC 颗粒与钢基体发生原子交换,W 元素进入钢基体中,在未溶碳化物周围析出 Fe_3W_3C 复式碳化物,与周围的碳化物相互连接而成。虽然这类碳化物有较强的化学稳定性,但由于复合电冶熔铸及淬火加热温度高,在三角状和四角状 WC 颗粒的尖棱角处,会优先溶解而被圆化。这是由于在尖角处,颗粒表面曲率半径小、表面能高、热力学不稳定。另外,四角状碳化物的溶解还可能优先发生在四边形对角线两侧,逐步由中心处向边缘溶解,最终出现"空壳"粒子,丧失增强颗粒的作用。这可能是因为熔炼过程中,局部温度过高,WC 颗粒在边缘溶解时,表面的缺陷处由于溶解曲率半径更小,溶解速度更快,所以有时会从中心处向边缘溶解。

第二类碳化物为较大的团块状,颗粒边缘和芯部发生溶解,外形轮廓不太清晰,相界面模糊,且周围分布小颗粒碳化物,并有少量未溶碳化物,总体上被已溶解的碳化物包围。这类碳化物是小的团块状碳化物和条状碳化物之间发生强烈的交互作用,W 元素在高温下通过扩散进入钢基体中,在碳化物周围析出 Fe_3W_3C 复式碳化物,数量不断增多,彼此相连接形成更大的团块状碳化物,即表现出桥接现象。研究表明,这种大团块状的碳化物中除含 W 外,还含有相当数量的 Fe 及其他因界面相互扩散迁移而来的合金元素。在加热及冷却过程中,第二类碳化物不断溶解,并且从周边析出复式碳化物,故发生碳化物的圆化及团化。

第三类碳化物为树枝状、骨骼状或鱼骨状共晶碳化物,为 Fe_3W_3C 复式碳化物或 M_7C_3 碳化物,该类共晶碳化物比较稳定,热处理后形态变化不明显,具有较好的热力学稳定性。相关文献指出,M_7C_3 是 $M_{23}C_6$ 之外 Cr 的另一种碳化物,是一次共晶碳化物或由奥氏体中析出的二次碳化物,具有复杂六方结构。M_7C_3 从奥氏体中析出,呈长条状,它能溶入 W、Mo、V 等元素,增加耐磨性,降低摩擦系数。V 元素阻碍 M_7C_3 溶入奥氏体,只有在较高淬火加热温度时才能使奥氏体固溶较多的 V 与 Cr。二次 M_7C_3 在 950~1 150 ℃溶入奥氏体中,高温回火时析出 M_7C_3,增加钢的热稳定性。

第四类碳化物为析出的、细小均匀分布在钢基体上的二次碳化物,这些白色碳化物颗粒是由钢基体中的溶解 W 与马氏体及残余奥氏体组织共同析出的 Fe_3W_3C 复式碳化物和 $M_{23}C_6$ 碳化物聚集球化形成的,颗粒尺寸小,对基体有较好的强化作用,其为马氏体及残余奥氏体组织中析出的碳化物聚集球化所致。

　　从图 3 - 24 还可看出,随着回火温度的升高,碳化物分布更加均匀化,颗粒圆度越好,碳化物聚集现象减少。这是因为在高温回火时,较大的团块状碳化物在钢基体中分解,其他复式碳化物也进一步溶解,且合金元素因过饱和也将以二次碳化物的形态在钢基体与增强相的边界处析出。基体中的残余奥氏体的含量也随着回火温度的升高而逐渐减少。

　　从图 3 - 25(a)中可明显看出暗色的钢基体上分布大量的隐晶马氏体,经 EDS 分析 C 处为 Fe 的碳化物。而 D 处白色小的二次碳化物,其 EDS 分析结果为 Fe - W - C 复式碳化物。

　　为了进一步明确粗颗粒 45% WC 复合材料热处理后的物相分布情况,采用 EBSD 和 EDS 联用的方法进行分析,结果如图 3 - 27 所示。图 3 - 27(b)中,WC 增强相颗粒相对较小,相的比例为 14.1%,Fe_3W_3C 复式碳化钨相的比例为 20.7%,其余大部分的钢基体为隐晶马氏体,相的比例为 40.8%。从 Fe、W、C 的面分布图可看出,Fe 元素主要分布在钢基体中,少量分布在 Fe_3W_3C 复式碳化钨相区,而 W 元素与之相反,呈对称分布,在钢基体中含量很少,C 元素与 W 元素有类似的分布特征。

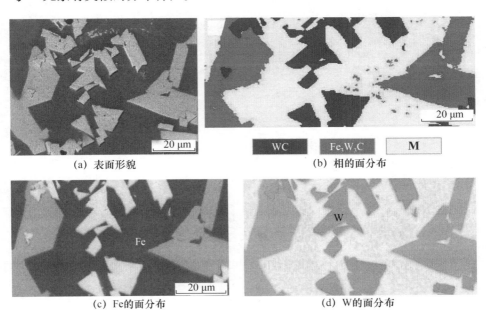

(a) 表面形貌　　　　　　　　　　　(b) 相的面分布

WC　　　Fe_3W_3C　　　M

(c) Fe的面分布　　　　　　　　　　(d) W的面分布

图 3 - 27　粗颗粒 45% WC 复合材料的 EBSD 和 EDS 分析

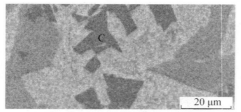

(e) C的面分布

续图 3 - 27

图 3 - 28 所示为 WC 取向成像图,图中不同的颜色衬度代表着不同的晶粒取向分布,从图中可以看出 WC 相的取向不均匀,取向性不明显,没有显现出择优取向。

图 3 - 28 粗颗粒 45% WC 复合材料的 WC 取向成像图

3.7 复合材料微观结构的变化

对 WC 颗粒增强钢基复合材料进行 EBSD 和 EDS 联合检测,并用仪器自带的软件包对所测得的晶体学数据进行分析处理,获取了取向成像图、晶粒图、取向差分布图、晶粒尺寸分布图、极图和反极图等相关晶体学信息,用于进一步分析复合材料在热处理前后过程中晶粒内部微观组织的变化情况。

3.7.1　复合材料组织的晶粒变化

虽然采用 OM 和 SEM 可在较大的范围内观察复合材料在热处理前后晶粒尺寸的变化,但却很难从数值上进行精确、定量的统计分析。EBSD 方法较好地解决了这一技术难题,它通过计算晶粒之间位向差的大小,可以同时统计出小角度晶界和大角度晶界所划分的晶粒尺寸,并且还能获得更多关于晶界微观结构的数据和信息。

图 3 – 29 所示为细颗粒 45%WC 复合材料在锻造退火态的 α – Fe 取向成像图,即铁素体的反极图面分布。由图可知,复合材料的晶粒尺寸细小,部分较大晶粒的周边分布着众多十分细小的晶粒。结合图 3 – 30(a)锻造退火态时 Fe 的晶粒尺寸分布和图 3 – 30(b)1 000 ℃淬火 + 220 ℃回火时 Fe 的晶粒尺寸分布,可以看出图 3 – 30(a)Fe 的晶粒尺寸分布范围较大,分布不均匀,在 0.5 ~ 3 μm 之间,平均晶粒尺寸 1.04 μm;而图 3 – 30(b)Fe 的晶粒尺寸分布范围明显缩小,集中在 0.2 ~ 1.4 μm 之间,晶粒分布均匀,平均晶粒尺寸为 0.635 μm,比淬火前复合材料的平均晶粒尺寸细化了 38.9%。这说明经高温淬火和低温回火后,复合材料的晶粒尺寸显著变小,晶粒分布均匀化,产生细晶强化的作用。按照晶界强化理论,细化晶粒不但可以提高复合材料的强度,

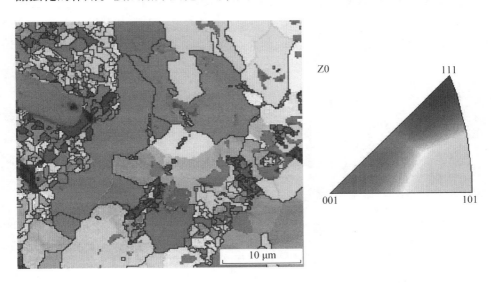

图 3 – 29　细颗粒 45%WC 复合材料锻造退火态的 α – Fe 取向成像图

同时还可以改善材料的塑性和韧性。当复合材料承受外界作用力,如机械载荷或热循环时所产生的内应力,由于晶粒细小,在晶粒内部和晶界处的应变相差较小,变形较均匀,所以应力集中不易导致开裂,从而使晶粒细化的区域在断裂前能承受较大的变形量,且该区域韧性较好,不易萌生裂纹也不好扩展,具有较好的抗热疲劳性能。

从图 3 – 30（c）、（d）、（e）1 000 ℃淬火 + 220 ℃回火时 WC、W_2C 和 Fe_3W_3C 的晶粒尺寸分布可看出,WC 的平均晶粒尺寸为 1.27 μm,W_2C 为 0.312 μm,Fe_3W_3C 为 0.787 μm,晶粒分布尺寸较为均匀,特别是 W_2C 的晶粒尺寸分布范围最小。增强相的晶粒分布均匀,尺寸变化范围小,这对复合材料的强化作用起到更好的效果。

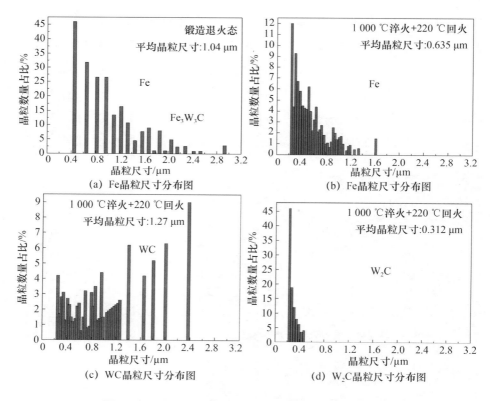

图 3 – 30　细颗粒 45% WC 复合材料的晶粒尺寸分布图

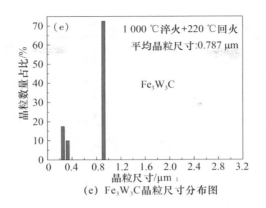

（e）Fe₃W₃C 晶粒尺寸分布图

续图 3－30

3.7.2　复合材料组织的取向分布

图 3－31 所示为细颗粒 45% WC 复合材料锻造退火态的相分布图，图 3－31（b）中深色区域为 Fe_3W_3C 复式碳化物，相比例为 8.2% ，而其他区域主要为铁素体相，相比例为 90.5% 。图中 Fe_3W_3C 相的晶界以黑线表示，测试结果表明 Fe－W－C（110）与 bcc Fe（111）面取向绝大部分小于 5°。图 3－31（c）、（d）、（e）显示为体心立方 Fe 中 10°晶界和 Cr、Ni、Mo 元素的面分布，从图中可知，Cr 主要分布在钢基体中较大晶粒处，而 Ni 则主要分布在较小的晶粒处，二者分布呈现出互补性。Mo 元素集中分布在 Fe_3W_3C 相区域，形成复式碳化物，在钢基体中较大晶粒处也有少量分布。

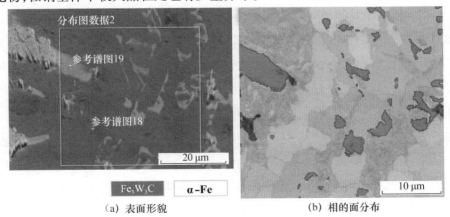

（a）表面形貌　　　　　　　　　　　　　（b）相的面分布

图 3－31　细颗粒 45% WC 复合材料锻造退火态的 EBSD 和 EDS 分析

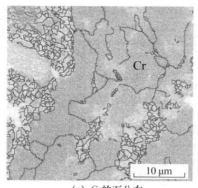 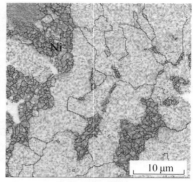

(c) Cr的面分布 　　　　　　(d) Ni的面分布

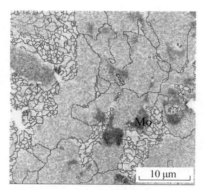

(e) Mo的面分布

续图 3 – 31

图 3 – 32 所示为细颗粒 45% WC 复合材料锻造退火态的 α – Fe 晶界图，图中不同的衬度代表着不同的晶粒取向分布，黑色晶界表示晶粒间取向差 >10°的晶界，浅色晶界表示晶粒间取向差在 2°～10°的晶界。可见，该晶界均匀分布于各大小晶粒间，该 WC 颗粒增强钢基复合材料经锻造退火处理后，总体以大角度晶界为主，但也存在一些小角度晶界，它们将粗晶粒分割成许多个细小的亚晶粒，整体上没有明显的择优取向。图 3 – 33 所示为复合材料经 1 000 ℃淬火 +220 ℃回火处理后的 Fe 相取向差分布图，由图可看出，晶界取向差分布的峰值位于大角度晶界的 40°～55°之间，小角度晶界所占比例已经很少，主要为大角度晶界，取向差梯度逐渐减小，晶粒更加趋向于均匀化。这说明复合电冶熔铸制备的 WC 颗粒增强钢基复合材料经淬火、回火热处理后，

大幅提高大角度晶界,细化晶粒,晶粒更加均匀,有效地提高了复合材料的综合力学性能。

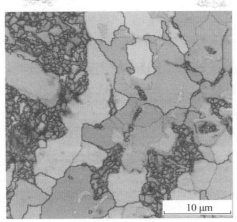

图 3-32　细颗粒 45％WC 复合材料锻造退火态的 α-Fe 晶界图

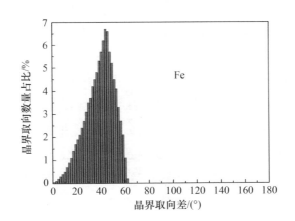

图 3-33　细颗粒 45％WC 复合材料 1 000 ℃淬火 +220 ℃回火处理后的
Fe 相取向差分布图

3.8　本章小结

本章对 WC 颗粒增强钢基复合材料的显微缺陷和 WC 热力学进行分析,对比研究了各种热处理状态的显微组织,探讨复合材料组织的晶粒变化和取向分布,得出以下结论。

（1）采用复合电冶熔铸工艺成功制备了 WC 颗粒增强钢基复合材料，由于该工艺具有高能球磨混粉均匀、电渣重熔精炼净化、电磁搅拌颗粒分散、水冷结晶逐层快速凝固等特点，熔炼过程中有利于气体的排出、夹杂物的去除、WC 颗粒的分散，较好地解决了颗粒团聚和聚集问题。得益于较快的冷却速度，WC 颗粒被钢液吞没，尽量避免了枝晶偏析，晶粒得到细化，所以制备的复合材料孔隙少、致密高、无夹杂，WC 颗粒分布均匀，具有很少的缺陷。

（2）根据热力学分析，复合电冶熔铸过程中可生成 WC、W_2C 和 Fe_3C 等相，低温下 WC 稳定性高于 W_2C，W_2C 会被 C 还原成 WC。因此复合材料中以 WC 形式为主，且呈三角形或矩形，未见六角形或具有截断角的 WC 颗粒。$\{10\bar{1}0\}$ 和 $\{01\bar{1}0\}$ 棱柱面界面能的变化是 WC 晶粒形状呈现不同特征的根本原因。WC 晶粒以（0001）面为基面，沿 <0001> 方向生长形成多层堆垛结构，进而形成典型的（0001）面呈三角形的三维立体形态。

（3）在熔铸原始态时，WC 颗粒增强钢基复合材料的铸态组织明显，显微组织主要由马氏体、残余奥氏体、共晶莱氏体和各类碳化物组成。复合电冶熔铸过程中的电磁搅拌工艺可以使粗大的树枝晶、骨骼状和鱼骨状共晶组织以及长条状、大块状碳化物大部分断枝、细化，但一些仍较好地残留下来，导致组织形态不佳。通过退火处理可以优化材料的显微组织结构，长条状碳化物溶解或部分溶解在钢基体中，大块状碳化物分解细化。再经锻造处理，可以使热稳定性较高的树枝晶、骨骼状和鱼骨状共晶组织碎化，且随基体的高温塑性流变而均匀分布，获得更佳的组织。降低了复合材料的脆性，起到了颗粒增强钢基体的作用，复合材料获得很好的切削加工性能。

（4）WC 颗粒增强钢基复合材料奥氏体化加热时，增强相有较强烈的阻碍奥氏体晶粒长大的作用，过热敏感性小，淬火加热温度较高，加热温度范围宽。本章选择 950 ℃、1 000 ℃和 1 050 ℃三种淬火加热温度，采用油冷方式。随着淬火加热温度的升高，长条状和团块状碳化物的溶解加速，网状碳化物大量碎化并溶解，残余奥氏体量增加，基体上分布大量的细小点状和棒状二次碳化物，树枝状和鱼骨状共晶碳化物的形态则变化不明显，具有很高的热力学稳定性。复合材料的整体强韧性在一定程度上得到提高，但过高的淬火加热温度生成大量的残余奥氏体，导致材料硬度的急剧下降，耐磨性也随之降低。因此选择淬火温度在 1 000 ℃ 附近,可在保证一定的强硬性同时,适当地碎化碳化物组织,提升材料的综合性能。

(5)本章选择 180 ℃、220 ℃ 和 300 ℃ 三种回火温度,保温 2 h 后空冷。由于回火温度较低,因此 WC 颗粒增强钢基复合材料的组织转变主要是钢基体的组织转变,包括基体内碳的偏聚、马氏体的分解、残余奥氏体的转变和碳化物的析出与偏聚球化。显微组织主要由隐晶回火马氏体、碳化物及残余奥氏体组成。随着回火温度的升高,碳化物分布更加均匀化,颗粒圆整性增强,碳化物聚集现象减少,残余奥氏体的含量降低。300 ℃ 回火时,大量的强碳化物形成元素从残余奥氏体中析出生成碳化物,增大了材料的脆性倾向,出现了回火脆性。因此选择 220 ℃ 附近回火,在保证强硬性同时,将获得更佳的组织。

(6)经过淬火和回火处理的复合材料中主要存在四种类型的碳化物:一是原始 WC 颗粒,如果原 WC 颗粒度较粗,在冶炼和热处理过程中溶解较少,变化较小,而细小的原 WC 颗粒则较多的溶解在钢基体中;二是较大的团块状颗粒,内部和边缘部分发生溶解,为 Fe_3W_3C 复式碳化物;三是枝晶状碳化物,为 Fe_3W_3C 复式碳化物或 M_7C_3 碳化物,是在复合电冶熔铸过程中生成的共晶碳化物,热力学稳定性较强;四是从钢基中析出的弥散分布的二次碳化物,为 Fe_3W_3C 复式碳化物或 $M_{23}C_6$ 碳化物。

(7)复合材料中,WC 颗粒局部溶解于钢基体,增加了钢基体的 C 含量和合金化过程,提高钢基体的韧性,另外 WC 晶粒的溶解会使 WC 晶粒的棱角钝化,有利于减小 WC 晶粒与钢基体界面处的应力集中。白色的大颗粒 WC 周围包裹着一圈 Fe_3W_3C 的黑色条带,阻碍了 WC 颗粒与钢基体之间元素的相互扩散,从而较好地保留了 WC 的形态。Fe_3W_3C 不仅为 WC 与钢基体之间在成分上起到过渡作用,而且它的边缘不光滑,能够增加 WC 与钢基体间的结合强度,并且 Fe_3W_3C 具有良好的热力学稳定性,在 WC/钢基体界面存在这样一圈一定厚度的过渡层组织,不但提高了相界面结合强度和材料的强韧性,同时也为复合材料硬度和耐磨性的提高提供了保障。

(8)细颗粒 45% WC 复合材料在锻造退火态时 Fe 的晶粒尺寸分布范围较大,分布不均匀,在 0.5~3 μm 之间,平均晶粒尺寸为 1.04 μm;而经过 1 000 ℃ 淬火 +220 ℃ 回火热处理后,Fe 的晶粒尺寸分布范围明显缩小,集中

在 $0.2 \sim 1.4~\mu m$ 之间,晶粒分布均匀,平均晶粒尺寸 $0.635~\mu m$,比淬火前复合材料的平均晶粒尺寸细化了 38.9%。说明经高温淬火和低温回火后,该复合材料的晶粒尺寸显著变小,晶粒分布均匀化,产生细晶强化的作用。其他 WC、W_2C 和 Fe_3W_3C 增强相的晶粒也分布均匀,尺寸变化范围小,这对复合材料的强化作用起到更好的效果。

(9)EBSD 和 EDS 联用分析得出,Cr 主要分布在钢基体中较大晶粒处,而 Ni 则主要分布在较小的晶粒处,二者分布呈现出互补性。复合材料经锻造退火处理后,总体以大角度晶界为主,但也存在一些小角度晶界,它们将粗晶粒分割成许多个细小的亚晶粒,整体上没有明显的择优取向。而经 1 000 ℃ 淬火 +220 ℃ 回火处理后,晶界取向差分布的峰值位于大角度晶界的 $40° \sim 55°$ 之间,主要为大角度晶界,取向差梯度逐渐减小。说明复合电冶熔铸制备的 WC 颗粒增强钢基复合材料经淬火、回火热处理后,大幅提高大角度晶界,细化晶粒,晶粒更加均匀,有效地提高了复合材料的综合力学性能。

第4章 WC颗粒增强钢基
复合材料的力学性能

4.1 引言

　　研究颗粒增强金属基复合材料在常温静载荷下的力学性能时,常采用压入硬度法、拉伸性能、弯曲性能、剪切性能和冲击性能等研究方法。秦蜀懿等评述了影响颗粒增强金属基复合材料塑性和韧性的各种因素,在此基础上深入研究了颗粒形状对 SiC_p/LD2 复合材料塑性和断裂韧性的影响规律。湛永钟研究了界面改性对 SiC 颗粒增强 Cu 基复合材料力学性能和断裂机制的影响。结果表明,经过 SiC 颗粒表面涂层处理后,可在复合材料中获得干净、紧密的界面结合。通过复合材料界面优化,可在基体和增强物之间有效传递载荷,减少了拉伸变形时的界面脱黏,从而提高了复合材料的屈服强度、抗拉强度和断裂延伸率。王莺等对 SiC 颗粒增强铝基复合材料在应变速率为 150 ～ 1 000 s^{-1} 范围内的冲击拉伸力学性能进行了实验研究,得到了材料从弹塑变形直至断裂的完整的应力应变曲线。包艳蓉等对自蔓延高温合成/准热等静压法(SHS/PHIP)制备的 TiC 颗粒增强铁基复合材料进行了高温冲击实验,对冲击前该复合材料的显微组织和相组成以及冲击后断口形貌和断面物相组成进行了分析。E. Pagouni 等研究了钢基复合材料的热等静压(HIP)工艺,及其强化分布的影响因素和界面过程,并探讨了其力学性能和防腐蚀性能。

　　本章通过宏微观硬度实验、纳米力学性能实验、三点弯曲实验和冲击韧性实验综合评定复合材料的各项力学性能,为建立组织和性能之间的联系奠定基础。

4.2　WC 颗粒增强钢基复合材料的洛氏硬度

硬度综合了强度、弹性、塑性、韧性、塑性变形强化率以及抗摩擦性能等一系列物理量的性能指标,已成为检测材料抵抗变形能力的一个重要机械性能指标。硬度不是材料的基本特性,因此没有绝对的标准,硬度值不但和材料性能有关,还受测试方法的影响。硬度实验具有简单容易,实验过程不破坏试样等优点,其主要目的是测定材料的适用性。

本实验采用洛氏硬度法测量 5CrNiMo 钢和 WC 颗粒增强钢基复合材料的宏观硬度值,测量结果见表 4-1,为了便于比较各不同试样、不同状态的差别,将测量的硬度值绘制成洛氏硬度曲线图,如图 4-1 所示。从图中可以看出,不同条件下 WC 颗粒钢基复合材料的洛氏硬度均比 5CrNiMo 钢大幅提高,经过热处理后,洛氏硬度最高能达到 HRC67.2,完全满足此类颗粒增强钢基复合材料作为轧辊、工模具等高负荷耐磨损场合对高硬度的需求。WC 颗粒增强钢基复合材料中,大量 WC 颗粒增强体分布在中碳低合金钢的 5CrNiMo 钢基体上,提高了整体的硬度,热处理时不仅有良好的淬透性,还具备很高的淬硬性能。而 5CrNiMo 钢淬火硬度最高才是 HRC 58.3,达不到作为工模具钢优良的水平,而其他合金工具钢的淬火硬度虽然能达到 HRC 60~65,但如果淬火温度过高,造成 M_s 点降低,马氏体转变不完全,留存下较多的残余奥氏体,而奥氏体硬度明显低于马氏体,使得整体硬度还不到 HRC 60。

表 4-1　5CrNiMo 钢和 WC 颗粒增强钢基复合材料不同热处理状态的洛氏硬度测量值

序号	复合材料状态	5CrNiMo HRC	25% 粗 WC HRC	35% 粗 WC HRC	45% 粗 WC HRC	45% 细 WC HRC
1	熔铸原始态	40.1	55.4	57.3	59.5	58.3
2	锻造退火态	19.8	33.8	36.4	41.7	40.6
3	950 ℃淬火 +220 ℃回火	54.5	60.8	62.0	64.8	63.8
4	950 ℃淬火 +180 ℃回火	56.3	62.6	63.4	65.9	65.1
5	1 000 ℃淬火 +220 ℃回火	56.1	61.9	62.8	65.3	64.5

续表 4−1

序号	复合材料状态	5CrNiMo HRC	25%粗 WC HRC	35%粗 WC HRC	45%粗 WC HRC	45%细 WC HRC
6	1 000 ℃淬火＋180 ℃回火	58.2	63.1	64.2	67.2	66.0
7	1 050 ℃淬火＋220 ℃回火	58.3	59.2	60.1	62.8	62.2
8	1 050 ℃淬火＋300 ℃回火	54.6	56.8	57.7	60.3	59.5

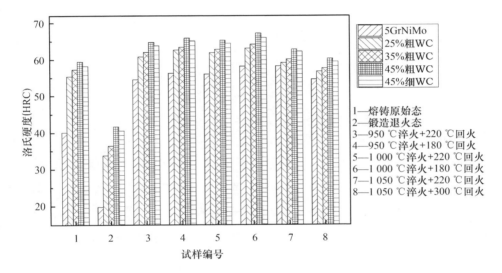

图 4−1　5CrNiMo 钢和 WC 颗粒增强钢基复合材料不同热处理状态的洛氏硬度曲线

　　图 4−2 所示为在 220 ℃相同的回火温度下,WC 颗粒增强钢基复合材料不同淬火加热温度的洛氏硬度曲线图。由图可知,复合材料的洛氏硬度在 950~1 000 ℃淬火时不断提高,可以达到 HRC 60~66,而在 1 050 ℃高温淬火时,硬度呈现下降趋势。这是因为随着淬火温度的提高,WC 局部溶解到钢基体中,特别是边界部位,W 和 C 元素发生扩散,而且基体中含有 Fe_3W_3C、M_7C_3、$M_{23}C_6$ 等复式碳化物逐渐溶解到钢基体中,高温转变的奥氏体中合金元素浓度增大,在油中快速冷却时,转化为硬度更高的合金马氏体,在 220 ℃低温回火也能保持较高的硬度。但当温度升高到 1 050 ℃时,多数碳化物已溶解,而残留奥氏体含量的增多对整体硬度有了较大的影响作用,使得洛氏硬度

呈现出下降的趋势。

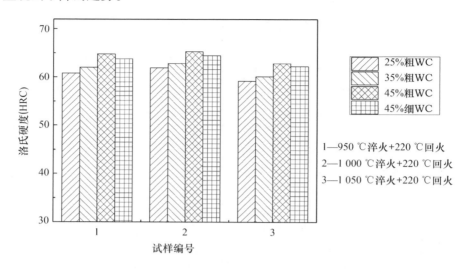

图 4 − 2　复合材料在 220 ℃回火下不同淬火温度的洛氏硬度曲线

从图 4 − 2 中还可看出,WC 颗粒的粒度相同时,WC 含量越高,洛氏硬度越大。这是由于 WC 含量增多,单位面积的钢基体上分布的 WC 颗粒数越多。当洛氏硬度计的金刚石圆锥压头压入复合材料内部时,发生塑性变形,而基体中的高硬度 WC 颗粒产生了约束效应,使位错滑移受阻,降低了有效滑移距离,使塑性变形难以继续,所以显示出该复合材料的高硬度,展现了 WC 颗粒增强复合材料较强的附加硬化效应。

WC 的质量分数相同,均为 45% 时,粗颗粒的 WC 颗粒增强复合材料比细颗粒的具有更高的硬度。因为细颗粒的 WC 尺寸较小,在高温钢液中大部分溶解,对钢基体起到的增强效果大为降低。但粗颗粒的 WC 尺寸较大,高温钢液只能把 WC 硬质颗粒的边缘部位部分溶解,大多还保留了下来,继续显示出良好的硬化效应。

图 4 − 3 所示为不同回火温度的洛氏硬度曲线图。由图可知,在 950 ℃ 或 1 000 ℃淬火,复合材料的洛氏硬度随回火温度的升高不断降低,这是因为回火加热温度低,小于 300 ℃,故复合材料的组织变化主要由钢基体的相变决定,包括 M 分解、$A_{残}$ 分解转变为 $M_{回}$、二次碳化物从钢基体中逐步析出,使得硬度降低。从图中还可看出,该复合材料具有较高的回火稳定性,由于 WC 颗

粒和钢基体之间的交互作用增大,更多的 W 和 C 元素扩散进入基体中,特别是钢基体中 W 元素含量的提高增强了钢基体的抗软化性能,提高了 WC 颗粒增强钢基复合材料的回火抗力。

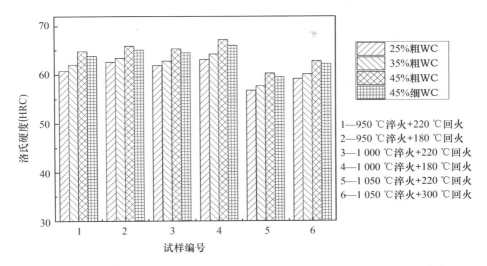

图 4 – 3　复合材料不同回火温度的洛氏硬度曲线

4.3　WC 颗粒增强钢基复合材料的显微硬度

洛氏硬度是材料宏观体积对洛氏硬度计的金刚石圆锥压头变形的抗力,反映的是材料整体平均硬度,而显微硬度体现出在微米级的小区域内对塑性变形的抗力。为了弄清复合材料内大块硬质相、中小颗粒 WC 聚集区和钢基体的硬度差别,本实验采用显微维氏硬度法测量 5CrNiMo 钢和 WC 颗粒增强钢基复合材料的显微硬度值。探讨复合材料中各组成单元间的显微硬度关系,并与宏观洛氏硬度对比,找出二者的关联,以便更好地设计复合材料的成分。

维氏硬度是夹角为 136°的金刚石四棱锥体压头在实验力 $F(N)$ 的作用下,将试样表面压出一个四方锥形的压痕,经一定保持时间后卸除实验力,测量压痕对角线长度 d,用以计算压痕表面积 A 。维氏硬度计算公式为

$$HV = 0.189\ 1 \times \frac{F}{d^2} \qquad (4-1)$$

式中　F——实验力, N;

　　　d——压痕对角线长度的平均值, mm。

由于显微维氏硬度对表面粗糙度很敏感, 因此试样要经研磨、抛光、腐蚀处理, 再用显微维氏硬度计观察需要测试的区域进行测量。结果见表 4 - 2, 并将测量的硬度值绘制成显微硬度曲线图, 如图 4 - 4 所示。由图 4 - 4(a) 可知, 随着 WC 的质量分数从 25%、35% 到 45% 增多, 基体区域的显微硬度提高, 而且相同 45% WC 的复合材料, 粗颗粒 100 μm 的复合材料要比细颗粒 50 μm 的显微硬度高, 从图 4 - 4(b) 和(c) 也能看出相同的规律, 只是因为 WC 聚集区和粗大颗粒有时会受到基体的影响, 且元素成分有所差异, 会导致变化规律有的不很明显, 但总体上看具有相似的变化趋势。

表 4 - 2　WC 颗粒增强钢基复合材料不同热处理状态的显微硬度测量值(HV)

序号	复合材料状态	基体	25% 粗 WC WC 聚集区	粗大颗粒	基体	35% 粗 WC WC 聚集区	粗大颗粒
1	熔铸原始态	538.1	882.1	1 445.3	575.2	901.3	1 510.2
2	锻造退火态	436.3	783.4	1 410.8	436.7	813.6	1 447.3
3	950 ℃淬火 +220 ℃回火	592.5	1 156.3	1 683.4	612.6	1 012.5	1 747.9
4	950 ℃淬火 +180 ℃回火	683.2	1 283.4	1 510.6	663.8	1 158.2	1 670.1
5	1 000 ℃淬火 +220 ℃回火	582.3	1 183.5	1 853.2	656.2	1 201.8	1 353.8
6	1 000 ℃淬火 +180 ℃回火	762.1	1 045.1	1 914.7	932.5	1 457.3	1 124.5
7	1 050 ℃淬火 +220 ℃回火	558.2	1 275.1	1 439.1	573.4	1 386.4	1 374.3
8	1 050 ℃淬火 +300 ℃回火	421.7	956.2	1 203.6	435.2	1 002.5	1 245.6
序号	复合材料状态	基体	45% 粗 WC WC 聚集区	粗大颗粒	基体	45% 细 WC WC 聚集区	粗大颗粒
1	熔铸原始态	623.1	975.3	1 521.8	605.1	953.5	1 408.3
2	锻造退火态	509.4	1 183.9	1 431.5	454.9	1 023.6	1 321.1
3	950 ℃淬火 +220 ℃回火	654.3	1 272.4	1 654.2	663.5	1 184.7	1 543.6

续表 4－2

序号	复合材料状态	基体	45%粗 WC WC 聚集区	粗大颗粒	基体	45%细 WC WC 聚集区	粗大颗粒
4	950 ℃淬火＋180 ℃回火	816.9	1 156.2	1 754.2	734.7	1 047.3	1 614.4
5	1 000 ℃淬火＋220 ℃回火	758.8	1 393.2	1 891.5	689.4	1 392.4	1 798.4
6	1 000 ℃淬火＋180 ℃回火	1 038.2	1 183.8	1 486.6	993.8	1 204.8	1 556.6
7	1 050 ℃淬火＋220 ℃回火	757.6	1 236.6	1 721.3	615.6	1 348.3	1 740.6
8	1 050 ℃淬火＋300 ℃回火	599.4	1 027.9	1 593.5	498.4	983.5	1 460.3

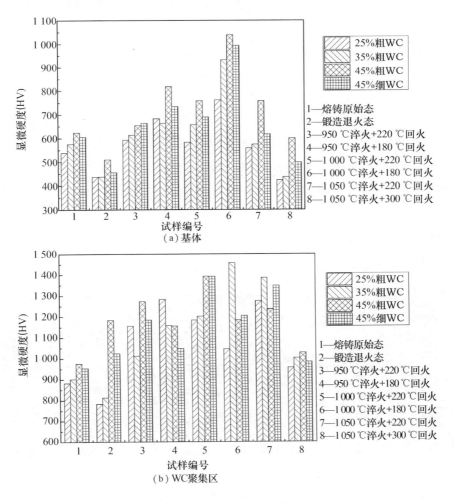

图 4－4　WC 颗粒增强钢基复合材料不同热处理状态的显微硬度曲线

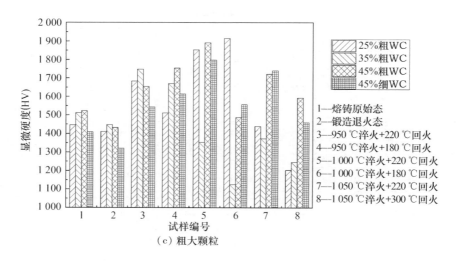

1—熔铸原始态
2—锻造退火态
3—950 ℃淬火+220 ℃回火
4—950 ℃淬火+180 ℃回火
5—1 000 ℃淬火+220 ℃回火
6—1 000 ℃淬火+180 ℃回火
7—1 050 ℃淬火+220 ℃回火
8—1 050 ℃淬火+300 ℃回火

（c）粗大颗粒

续图 4 - 4

从表 4 - 2 测试的显微硬度值可以看出，对比基体和中小块 WC 颗粒聚集区，大块硬质相的显微硬度值变化幅度较小，这是因为热处理对大颗粒的影响没有对钢基体的影响大，而中小块 WC 颗粒聚集区由于颗粒太小，压头压入时有时会受到基体影响，如图 4 - 5 所示，所以测量的数据反映的是小颗粒碳化物颗粒与钢基体共同作用抵抗塑性变形的效果，变化也较大，它的显微硬度高于钢基体而小于大块硬质相的硬度，这可由图 4 - 6 中 35% 粗 WC 复合材料在不同热处理状态下不同区域的显微硬度对比曲线看出。

（a）基体　　　　　　　　　　　　　　（b）WC聚集区

图 4 - 5　显微硬度测试点的位置

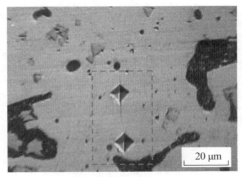

(c) 粗大颗粒

续图 4 – 5

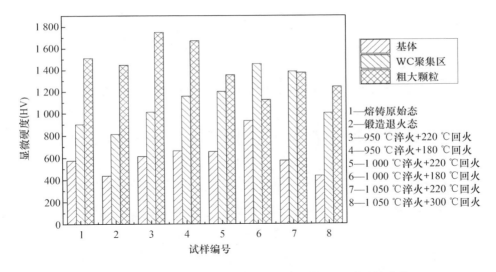

图 4 – 6　35%WC 复合材料不同热处理状态的显微硬度曲线

　　将复合材料基体区域的显微硬度与洛氏硬度进行对比,如图 4 – 7 所示,可见微观硬度和宏观硬度具有相似的变化趋势。这说明 WC 颗粒增强钢基复合材料的宏观洛氏硬度是微区组成单元中测试的显微硬度的综合体现。

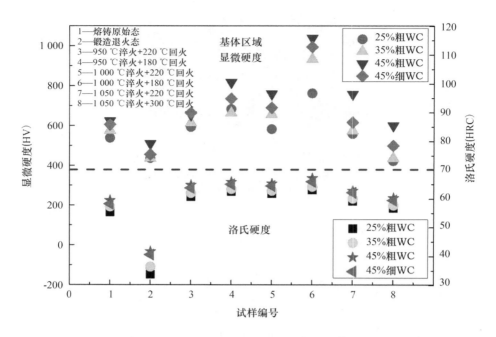

图 4-7 WC 颗粒增强钢基复合材料不同热处理状态的显微硬度和洛氏硬度曲线

4.4 WC 颗粒增强钢基复合材料的纳米力学性能

采用 Berkovich 压针对 WC 颗粒增强钢基复合材料的大颗粒 WC 和钢基体区域进行纳米压痕实验。按照硬度的尺度效应,在临界载荷以内,材料的纳米硬度将受载荷的影响而波动,从而影响两种材料的硬度对比,因此压痕实验中采用的大载荷为 2 000 μN。表 4-3 为细颗粒 45% WC 复合材料不同热处理状态的表面纳米硬度和弹性模量值,图 4-8 所示为该试样的纳米硬度和弹性模量的曲线对比图。可见锻造退火态时基体的纳米硬度和弹性模量较小,经淬火和回火处理后,W、Cr、Ni、Mo 等合金元素进一步溶解进入到钢基体中,强化了钢基体,因此纳米硬度和弹性模量均有所提高,纳米硬度值从 6.49 GPa 升高到 1 000 ℃淬火 +220 ℃回火时的 8.91 GPa,弹性模量值也从 190.15 GPa 升高到 223.54 GPa。而 WC 颗粒由于在热处理工程中变化不明显,只会在边缘部位发生部分溶解、析出,因此测得的纳米硬度和弹性模量值变化不大,略有升高。在 1 000 ℃淬火 +220 ℃回火时纳米硬度值为 27.22 GPa,弹性模量值为 320.21 GPa,表明 WC 增强相具有很高的硬度和抵抗弹性变形的能力。

表 4 - 3　细颗粒 45% WC 复合材料不同热处理状态的纳米硬度和弹性模量值

序号	复合材料状态	纳米硬度 H/GPa 基体	纳米硬度 H/GPa WC 颗粒	弹性模量 E_r/GPa 基体	弹性模量 E_r/GPa WC 颗粒
1	锻造退火态	6.49	25.93	190.15	301.89
2	950 ℃淬火 + 220 ℃回火	8.07	26.29	214.68	306.58
3	1 000 ℃淬火 + 220 ℃回火	8.91	27.22	223.54	320.21
4	1 050 ℃淬火 + 220 ℃回火	8.74	27.80	220.23	327.75

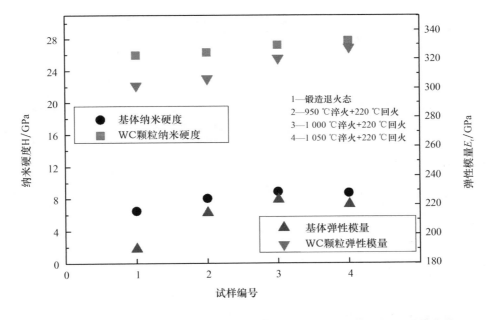

图 4 - 8　细颗粒 45% WC 复合材料不同热处理状态的纳米硬度和弹性模量曲线

　　纳米压痕过程中记录了材料在加载和卸载时的载荷随着压入深度的变化,分析该曲线可以表征材料的纳米力学性能。由于材料在加载过程中要经历弹性变形和塑性变形阶段,而卸载时要经历弹性恢复的过程,因此可以通过加载卸载曲线定量地描述材料的弹塑性特征,鉴定材料的塑性性能。在纳米压痕中,定义塑性变形深度和加载过程中总的变形深度的比值为材料的塑性。图 4 - 9 所示为通过纳米压痕实验的加载 - 卸载曲线计算得到的细颗粒 45%

WC 复合材料在 1 000 ℃淬火 +220 ℃回火时 WC 颗粒和钢基体的塑性。从图中可以看出,在复合材料进行压痕时,其卸载曲线为非线性,其中 WC 颗粒最大压入深度为 53.54 nm,而最终的残余深度为 18.47 nm,因此计算得到的 WC 颗粒的塑性为 34.50%。同理,钢基体最大压入深度为 101.40 nm,最终的残余深度为 77.91 nm,钢基体的塑性为 76.83%。综合以上结果可知,WC 颗粒硬度很高,塑性较差,具有很高的弹性模量;而钢基体的硬度较低,塑性较好,弹性模量不高。所以增强相 WC 和钢基体的性能差别较大,在外加载荷或热循环时,在 WC/钢基体的分界面处容易产生应力集中,成为裂纹的萌生源。但硬的 WC 颗粒镶嵌在较软的钢基体上,对于提高复合材料的整体硬度和耐磨性具有十分重要的作用。

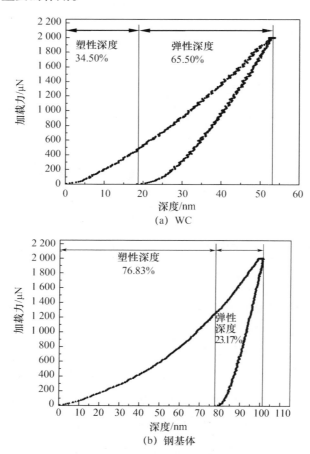

图 4 - 9 细颗粒 45% WC 复合材料在 1 000 ℃淬火 +220 ℃回火时的载荷 - 位移曲线

4.5　WC 颗粒增强钢基复合材料的弯曲性能

4.5.1　弯曲实验结果分析

采用 MTS CMT 5105 型微机控制电子万能实验机进行三点弯曲无缺口性能测试,将各组 10 mm × 10 mm × 140 mm 弯曲试样表面除锈、磨平,使试样表面光滑平整,在常温常压环境下进行测试。

试样的抗弯强度使用式(4-2)进行计算:

$$\sigma = \frac{3PL}{2bh^2} \tag{4-2}$$

式中　σ——抗弯强度,MPa;

　　　　P——至断负载,kN;

　　　　L——两支点间的距离,m,本实验取 50 mm;

　　　　b——试样的宽度,m,本实验取 10 mm;

　　　　h——试样的高度,m,本实验取 10 mm。

三点弯曲实验测量结果见表 4-4,为了便于比较各不同试样、不同状态的差别,将测量的抗弯强度值 σ_{bb} 绘制成抗弯强度曲线图,如图 4-10 所示。

表 4-4　5CrNiMo 钢和 WC 颗粒增强钢基复合材料不同热处理状态的弯曲实验结果

序号	复合材料状态	5CrNiMo /MPa	25% 粗 WC /MPa	35% 粗 WC /MPa	45% 粗 WC /MPa	45% 细 WC /MPa
1	熔铸原始态	—	1 443.6	1 344.2	1 232.7	1 303.1
2	锻造退火态	2 032.5	1 358.4	1 273.6	1 171.4	1 226.3
3	950 ℃淬火 + 220 ℃回火	3 081.8	1 626.3	1 544.2	1 482.1	1 524.5
4	950 ℃淬火 + 180 ℃回火	3 170.4	1 547.2	1 458.3	1 391.5	1 443.8
5	1 000 ℃淬火 + 220 ℃回火	3 124.6	1 726.8	1 615.4	1 533.2	1 575.1
6	1 000 ℃淬火 + 180 ℃回火	3 207.1	1 641.9	1 533.6	1 472.3	1 528.7
7	1 050 ℃淬火 + 220 ℃回火	3 177.8	1 603.7	1 522.5	1 453.9	1 489.3
8	1 050 ℃淬火 + 300 ℃回火	3 004.7	1 506.5	1 413.1	1 362.6	1 391.6

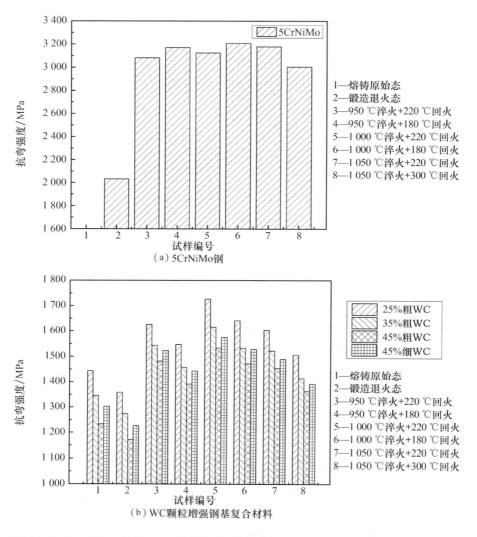

图 4 - 10 5CrNiMo 钢和 WC 颗粒增强钢基复合材料不同热处理状态的抗弯强度曲线

从图 4 - 10 中可以看出,不同条件下 WC 颗粒钢基复合材料的抗弯强度均远低于5CrNiMo 钢,这是因为复合材料的钢基体中分布大量的 WC 硬质颗粒,降低了原来钢基体的整体塑性。但经过热处理后,抗弯强度能有较大幅度的上升,完全满足此类颗粒增强钢基复合材料作为轧辊、工模具等高负荷耐磨损场合对弯曲强度的要求。

由图 4 - 10(b)可知,复合材料的抗弯强度在 950 ~ 1 000 ℃淬火时不断提高,可以达到 1 600 ~ 1 650 MPa;而在 1 050 ℃高温淬火时,抗弯强度呈现下降趋势。从图中还可看出,WC 颗粒的粒度相同时,WC 含量越少,抗弯强度越大。这是由于 WC 含量增多,单位面积的钢基体上分布的 WC 颗粒数越多,对钢基体的塑性影响较大,WC 颗粒增强钢基复合材料本身就脆性较大,因此曲线呈下降趋势。

WC 的质量分数相同,均为 45% 时,细颗粒的 WC 颗粒增强复合材料比粗颗粒具有更高的抗弯强度。因为细颗粒的 WC 尺寸较小,大部分溶解于高温钢液中,对钢基体的塑性影响较小,而粗颗粒则因尺寸较大而大部分保留了下来,显示出原始颗粒的形态,且 WC 颗粒多成三角形和四边形,边角部位对易成为应力集中区,形成裂纹源,进一步降低复合材料的强度。

图 4 – 11 所示为 5CrNiMo 钢和 45% 粗 WC 颗粒增强复合材料在 950 ℃淬火 + 220 ℃回火热处理状态的弯曲力 – 挠度曲线,由图可知,热处理后的 5CrNiMo 钢表现出通常塑料材料具有的曲线特点,断裂挠度 f_{bb} 为 7.0 mm,具有良好的屈服特征,而 WC 颗粒增强复合材料则没有屈服特性,断裂挠度 f_{bb} 只有 0.66 mm,显示脆性材料的曲线特点。

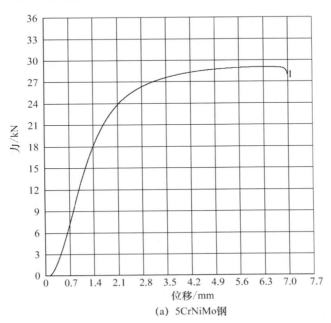

(a) 5CrNiMo 钢

图 4 – 11　5CrNiMo 钢和 WC 颗粒增强钢基复合材料相同热处理状态的弯曲力 – 挠度曲线

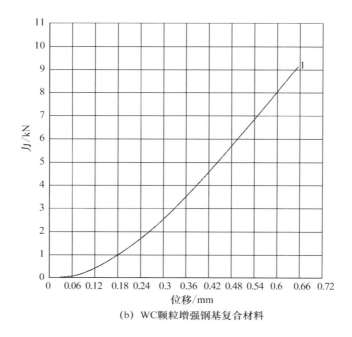

（b）WC颗粒增强钢基复合材料

续图 4 – 11

4.5.2 弯曲试样断口扫描电镜分析

5CrNiMo 钢和 45% 粗 WC 颗粒增强复合材料的冲击试样断口宏观形貌如图 4 – 12 所示。从图 4 – 12（a）可明显看出,5CrNiMo 钢弯曲断口表面有明显的宏观塑性变形痕迹,断裂面与主应力成 45°。断口表面颜色灰暗,呈纤维状。复合材料的断口很齐平,断裂面与正应力垂直,断口呈银灰色,且具有明显的金属光泽和结晶颗粒,属于脆性断裂。

采用扫描电子显微镜对弯曲试样断口进行观察,分析试样在三点弯曲实验断裂时断口的形貌特征,研究断裂方式和 WC 颗粒增强钢基复合材料力学性能之间的联系。断口表面分析表明,采用复合电冶熔铸工艺制备的 WC 颗粒增强钢基复合材料,其断口机理由塑性较好地钢基体相与性质较硬脆的增强颗粒相共同确定。在不同的热处理工艺下,钢基体相断口形貌会随之发生变化,而颗粒增强相为解理断裂,可以看到解理台阶和河流花样。

(a) 5CrNiMo钢　　　　　　(b) WC颗粒增强钢基复合材料

图 4 – 12　5CrNiMo 钢和 WC 颗粒增强钢基复合材料试样的弯曲断口宏观形貌图

（1）锻造退火态弯曲断口形貌。

图 4 – 13 所示 45% 粗 WC 复合材料的锻造退火态弯曲断口形貌。从图 4 – 13(a) 中可明显看出解理断裂所具有的解理台阶和河流花样典型特征，图 4 – 13(b) 在 4 000 倍下进行观察，可以清晰地看到钢基体上分布众多的韧窝，且在各个韧窝内发现第二相颗粒。因为绝大多数合金的空洞在第二相颗粒处形成，而 WC 颗粒增强钢基复合材料中，基体相对于增强相来说韧性较好，也能形成韧窝形态。第二相质点对韧窝的形成有着重要的作用，第二相粒子与韧窝几乎是一一对应的。在韧窝附件还可见到撕裂棱，表明基体为准解理断裂。准解理是解理断裂逐渐过渡到韧窝断裂时的一种中间状态形式，如果撕裂棱不多，则准解理就偏向于解理断裂。在退火状态下，此断口为准解理 + 韧窝的复合断口。

(a)　　　　　　　　　　　(b)

图 4 – 13　45% 粗 WC 复合材料的锻造退火态弯曲断口形貌

（2）淬火温度对弯曲断口形貌的影响。

图 4 – 14 所示为 45% 粗 WC 复合材料在 220 ℃ 回火时不同淬火温度下的弯曲断口形貌。图 4 – 14（a）、（b）为 950 ℃ 淬火 + 220 ℃ 回火状态，图中显示出明显的解理台阶和河流花样，断口上分布多条二次裂纹，为穿晶断裂和沿晶断裂。虽然只在 220 ℃ 低温下回火，但也改善了淬火后一部分基体韧性，基体呈现出一些韧性断口特征。

对图 4 – 14（c）中心部放大，如图 4 – 14（d）所示，可见在 1 000 ℃ 淬火 + 220 ℃ 回火状态，图中显示细小 WC 颗粒的聚集区，且三角形和四边形的 WC 边缘有的被部分溶解，呈圆弧形，由于尖角部位被圆化，因此 WC 颗粒与钢基

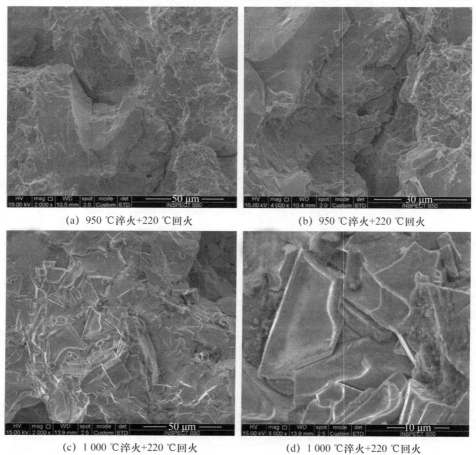

(a) 950 ℃ 淬火+220 ℃ 回火　　　　　　(b) 950 ℃ 淬火+220 ℃ 回火

(c) 1 000 ℃ 淬火+220 ℃ 回火　　　　　　(d) 1 000 ℃ 淬火+220 ℃ 回火

图 4 – 14　45% 粗 WC 复合材料的淬火回火态弯曲断口形貌

(e) 1 050 ℃淬火+220 ℃回火　　　　　(f) 1 050 ℃淬火+220 ℃回火

续图 4 – 14

体间减少内应力,有利于溶解扩散,产生冶金结合,而不是简单的机械连接,增大边界的结合强度。随着淬火温度的提高,断口显示出更明显的解理断裂特征。

图 4 – 14(e)为 1 050 ℃淬火 +220 ℃回火状态,加热温度过高,复合材料整体脆性增大,从图中可看到一条明显的大裂纹,而且图右半部分分布大量的冰糖状的断口,呈现沿晶断裂特征。WC 颗粒与钢基体的热导率有着很大的差异(WC 为 19 W/(m·K)、α – Fe 为 67 W/(m·K)),低温回火不能完全消除内应力,这样内应力的释放只能通过在 WC 颗粒的缝隙中产生细小的二次裂纹,并在基体中继续扩展裂纹,当裂纹通过沿晶或穿晶的形式扩展到一起时,就聚合形成大的裂纹。

从图 4 – 14(f)中可以看出,断口上分布着一个大的孔洞和数个小孔洞,这些孔洞是在弯曲断裂发生前就存在了,表明在复合电冶熔铸过程中,由于 WC 的质量分数达到45%,且为 100 μm 的粗颗粒,电磁搅拌剪切力在部分区域剪切力不足,因此钢液没能填充到该孔隙中,形成了孔洞。这样复合材料在受到弯曲作用力时,孔洞处将优先成为裂纹源,成为复合材料断裂的一个重要因素。

（3）回火温度对弯曲断口形貌的影响。

图 4-15 所示为 35% 粗 WC 复合材料在 1 050 ℃淬火时不同回火温度下的弯曲断口形貌。

图 4-15（a）为 1 050 ℃淬火 + 180 ℃回火状态，回火工艺可消除部分淬火后残留的内应力，因此沿晶断裂不易发生，从图 4-15（b）中可看出明显的解理台阶，但因回火的影响，钢基体也分布一些韧窝，所以低温回火的断口主要为解理断裂 + 部分基体韧窝的断裂机制。

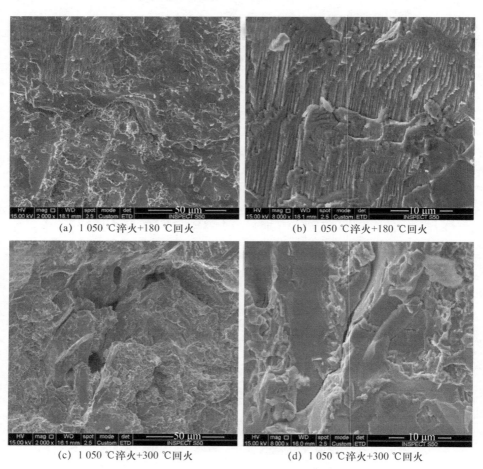

(a) 1 050 ℃淬火+180 ℃回火　　　　(b) 1 050 ℃淬火+180 ℃回火

(c) 1 050 ℃淬火+300 ℃回火　　　　(d) 1 050 ℃淬火+300 ℃回火

图 4-15　35% 粗 WC 复合材料的淬火回火态的弯曲断口形貌

图 4 - 15(c)为 1 050 ℃淬火 + 300 ℃回火状态,图中可见一处大的裂纹,而从放大到 8 000 倍的图 4 - 15(d)中可看出多条穿晶断裂和二次裂纹。300 ℃回火位于回火脆性区,前面测试的各项力学性能都很差,说明复合材料整体脆性大,强度低,断口的特征也说明了这个问题。

(4)5CrNiMo 钢淬火回火态的弯曲断口形貌。

图 4 - 16 所示为 5CrNiMo 钢 950 ℃淬火 + 180 ℃回火的弯曲断口形貌,没有 WC 颗粒增强相的影响,合金表现出良好的塑性和韧性,断口为韧窝形态,韧窝尺寸大小不等,且韧窝底部有第二相颗粒,显示出不同于 WC 颗粒增强钢基复合材料的断口特点。

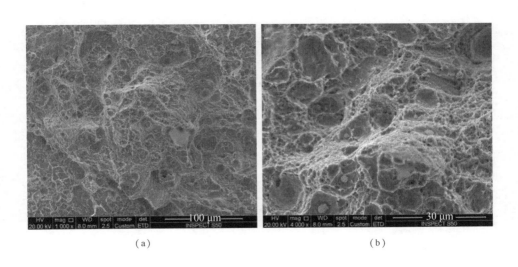

(a)　　　　　　　　　　　　　　　　(b)

图 4 - 16　5CrNiMo 钢 950 ℃淬火 + 180 ℃回火的弯曲断口形貌

4.6　WC 颗粒增强钢基复合材料的冲击性能

4.6.1　冲击实验结果分析

冲击实验测量结果见表 4 - 5,从表中可知,不同条件下 WC 颗粒钢基复合材料的冲击韧度均远低于 5CrNiMo 钢,因为复合材料中含有 WC 颗粒,所以材料冲击性能下降严重,25% 粗 WC 复合材料具有较高的冲击韧度,热处理后能达到 14 J/cm²,但是不同温度的淬火和回火处理,对复合材料的冲击韧度影响不大。

表4-5　5CrNiMo 钢和 WC 颗粒增强钢基复合材料不同热处理状态的冲击实验结果

序号	复合材料状态	5CrNiMo /(J·cm⁻²)	25% 粗 WC /(J·cm⁻²)	35% 粗 WC /(J·cm⁻²)	45% 粗 WC /(J·cm⁻²)	45% 细 WC /(J·cm⁻²)
1	熔铸原始态	—	13.40	8.75	4.05	5.10
2	锻造退火态	60.50	12.95	8.25	3.60	4.55
3	950 ℃淬火+220 ℃回火	70.30	14.60	9.85	4.75	6.80
4	950 ℃淬火+180 ℃回火	65.55	14.25	9.30	4.50	6.55
5	1 000 ℃淬火+220 ℃回火	—	14.40	9.45	4.60	6.40
6	1 000 ℃淬火+180 ℃回火	—	14.00	9.30	4.35	6.15
7	1 050 ℃淬火+220 ℃回火	—	13.85	9.15	4.30	6.20
8	1 050 ℃淬火+300 ℃回火	—	13.30	8.80	3.95	5.85

为了便于比较各不同试样、不同状态的差别,将测量的冲击韧度值 a_k 绘制成冲击韧度曲线图,如图4-17所示。由图可知,复合材料的冲击韧度随 WC 含量的增加而减小,也随 WC 颗粒度的增大而降低。

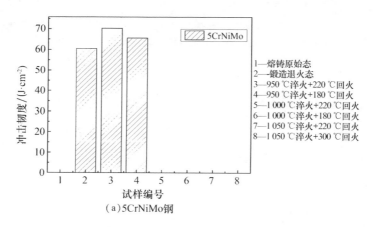

（a）5CrNiMo钢

图4-17　5CrNiMo 钢和 WC 颗粒增强钢基复合材料不同热处理状态的冲击韧度曲线

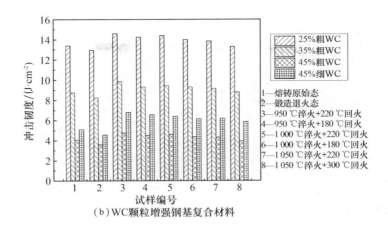

（b）WC颗粒增强钢基复合材料

续图 4 – 17

4.6.2　冲击试样断口扫描电镜分析

采用扫描电子显微镜对冲击试样断口进行观察，分析试样在冲击实验快速加载断裂时断口的形貌特征，研究断裂方式和 WC 颗粒增强钢基复合材料力学性能之间的联系。

（1）WC 颗粒含量对断口形貌的影响。

图 4 – 18 所示为 25% 粗 WC、35% 粗 WC 和 45% 粗 WC 复合材料的锻造退火态冲击断口形貌，从图 4 – 18（a）可看出复合材料的断裂机理为准解理 + 部分韧窝，说明 WC 的质量分数少时，对基体的影响小，具备原始 5CrNiMo 钢的一些特点，基体带有较好的韧性。而图 4 – 18（b）为 35% 粗 WC 复合材料，准解理撕裂棱较小，因 WC 增强颗粒增多，材料脆性增大，断口有较多的长条块体，表现出更多的解理断裂机制。另从图 4 – 18（c）可知，45% 粗 WC 复合材料中颗粒增强相已经非常多，由前面显微组织分析获知，复合材料中出现了大量的鱼骨状和枝晶状碳化物，强度进一步降低，断口出现大块颗粒的穿晶断裂。

相关文献指出，YG 型的硬质合金，在应力作用下 WC 质点将产生高密度位错，并沿着密排的（100）晶面富集。当位错富集到一定程度时，则位错富集群前沿将会出现引起裂纹的应力场，WC 颗粒为六方点阵，其中易滑移系统少，只有 4 个，故裂纹在 WC 中扩展一般沿（100）晶面直线进行而产生穿晶解理断裂，这种沿着确定的低指数晶面产生的脆性断裂即为解理断裂。

（2）WC 颗粒尺寸对断口形貌的影响。

颗粒尺寸对提高材料的屈服强度和改善材料的塑性变形硬化行为有着重

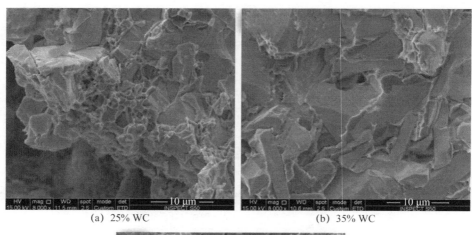

(a) 25% WC   (b) 35% WC

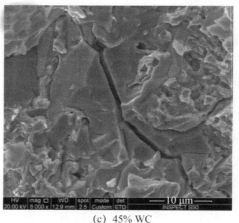

(c) 45% WC

图4-18　25%粗WC、35%粗WC和45%粗WC复合材料的锻造退火态冲击断口形貌

要的影响,而且颗粒的破坏开裂及与基体的脱黏最终又将导致材料的韧性降低。由图4-19可看出,颗粒度不同的复合材料,图4-19(a)中粗大的WC颗粒发生断裂,研究表明,在外力作用下,粗大的WC颗粒将首先产生解理断裂,而且WC颗粒越粗大,位错塞积越多,位错源距离位错塞积群前沿也越远,同时应力集中系数也越大,则WC颗粒在较小的切应力下就能发生解理断裂。

细小的WC颗粒复合材料断口形貌如图4-19(b)所示,基体中存在微小的韧窝。细小的WC颗粒可以成为微孔形核的核心,当基体受到外力发生塑性变形时,位错开动,滑移时遇到WC颗粒阻碍而不断塞积,逐渐形成位错环,这样便在硬质相颗粒与钢基体界面处产生了一个个小的微孔。

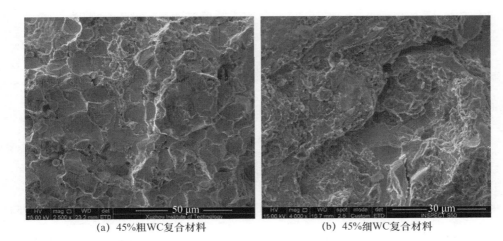

（a）45％粗WC复合材料　　　　　（b）45％细WC复合材料

图 4 – 19　45％粗 WC 和 45％细 WC 复合材料 1 000 ℃淬火 + 220 ℃回火的冲击断口形貌

4.7　本章小结

　　本章通过宏微观硬度实验、纳米力学性能实验、三点弯曲实验和冲击韧性实验综合评定复合材料的各项力学性能，得到以下结论。

　　（1）WC 颗粒增强钢基复合材料中，大量 WC 颗粒增强体分布在较软的钢基体上，提高了复合材料的整体硬度，并且 W、Cr、Ni、Mo 等合金元素溶入钢基体中，热处理时不仅有良好的淬透性，还具备很高的淬硬性能，在高温下也能维持高的硬度。复合材料的洛氏硬度在 950 ~ 1 000 ℃淬火时不断提高，可以达到 HRC 60 ~ 66；而在 1 050 ℃高温淬火时，硬度呈现下降趋势。WC 颗粒的粒度相同时，WC 的质量分数越高，洛氏硬度越大。在 950 ℃或 1 000 ℃淬火，复合材料的洛氏硬度随回火温度的升高不断降低。

　　（2）随着 WC 的质量分数从 25％、35％到 45％增多，基体区域的显微硬度表现出不断增大的趋势，而且 WC 的质量分数相同的复合材料，100 μm 粗颗粒的复合材料要比 50 μm 细颗粒的显微硬度高。对比基体和中小块 WC 颗粒聚集区，大块硬质相的显微硬度值变化幅度较小。因为热处理对大颗粒的影响没有对钢基体的影响大，而中小块 WC 颗粒聚集区由于颗粒太小，压头压入时有时会受到基体影响,所以测量的数据反映的是小颗粒碳化物颗粒与钢基体共同作用抵抗塑性变形的效果,变化也较大,它的显微硬度高于钢基体而小于大块硬质相的硬度。WC 颗粒增强钢基复合材料的宏观洛氏硬度是微区组成单元中测试的显微硬度的综合体现。

(3)锻造退火态时基体的纳米硬度和弹性模量较小,经淬火和回火处理后,合金元素进一步溶解进入钢基体中,强化了钢基体,因此纳米硬度和弹性模量均有所提高。而 WC 颗粒由于在热处理工程中变化不明显,测得的纳米硬度和弹性模量值变化不大。在 1 000 ℃淬火 + 220 ℃回火时纳米硬度值为27.22 GPa,弹性模量值为320.21 GPa,表明 WC 增强相具有很高的硬度和抵抗弹性变形的能力。通过纳米压痕实验的加载 – 卸载曲线计算得到的细颗粒45% WC 复合材料在 1 000 ℃淬火 + 220 ℃回火时,WC 颗粒的塑性为34.50%,钢基体的塑性为76.83%。WC 颗粒硬度很高,塑性较差,具有很高的弹性模量;而钢基体的硬度较低,塑性较好,弹性模量不高。

(4)复合材料的钢基体中分布大量的 WC 硬质颗粒,降低了原来钢基体的整体塑性,抗弯强度均远低于 5CrNiMo 钢,但经过热处理后有较大幅度的上升。在 950 ~ 1 000 ℃淬火并低温回火后,抗弯强度可以不断提高到1 600 ~ 1 650 MPa;而在 1 050 ℃高温淬火时,抗弯强度呈现下降趋势。WC 颗粒的粒度相同时,WC 的质量分数越少,抗弯强度越大;而 WC 的质量分数相同时,细颗粒的 WC 颗粒增强复合材料比粗颗粒的具有更高的抗弯强度。复合材料的断口很平整,断口呈银灰色,且具有明显的金属光泽和结晶颗粒,属于脆性断裂。在锻造退火状态下,弯曲断口为准解理 + 韧窝的复合断口。随淬火温度的提高,断口中一些呈韧窝特性的部位逐渐减小,显示出明显的解理台阶和河流花样,断口上分布较多的二次裂纹,为穿晶和沿晶断裂,复合材料表现出解理断裂 + 部分基体韧窝的断裂机制。

(5)不同状态下 WC 颗粒钢基复合材料的冲击韧度均远低于 5CrNiMo 钢,因为复合材料中含有 WC 颗粒,所以材料冲击性能下降严重,25% 粗 WC 复合材料具有较高的冲击韧度,热处理后能达到 14 J/cm^2。但是不同温度的淬火和回火处理,对复合材料的冲击韧度影响不大。复合材料的冲击韧度随 WC 的质量分数的增加而减小,也随 WC 颗粒度的增大而降低。复合材料的 WC

含量越多,冲击断口的韧窝越少,逐渐从准解理过渡到解理断裂。而 WC 颗粒尺寸越大,WC 颗粒越容易发生解理断裂,降低材料的韧性;越细小的 WC 颗粒则基体中越存在更多的韧窝,表现出更好的韧性。

第5章 热处理前后 WC 形貌变化的分形研究

5.1 引言

WC 颗粒增强钢基复合材料依靠 WC 硬质相和相对较软的钢基体相互配合,表现出优异的高硬度、高耐磨性能。退火、锻造后的铸件不能直接使用,必须经过适当的热处理才能表现出更好的服役性能。在热处理时 WC 将于钢基体发生溶解析出效应,导致 WC 形貌发生变化,形成不同的成分和组织结构,从而使复合材料的整体性能受到影响。分形具有自相似性和标度不变性的基本特征。各种复合材料的组织、结构中广泛存在着分形,测量得到的分维数可用以表征这类复合材料的某些重要性质。

储少军等人用 Sierpinski 分维数测量与计算法对电渣重熔后碳化钨合金的金相组织进行了分形研究,确认两种硬质相的分维数分别为 1.881 5 和 1.974 5。与原始电极中碳化钨硬质相的分维数 1.710 4 比较,可以定量说明电渣重熔前后硬质相形貌发生的变化。孙永立等人采用等离子喷涂工艺,制备了 WC、ZrO_2、Cr_2O_3 和 Al_2O_3 陶瓷颗粒/镍合金复合涂层。利用 Sandbox 法对陶瓷颗粒在金属基体中的分布进行研究,得到了不同体积分数下陶瓷颗粒复合材料涂层的分维数。刘亚俊等人研究了颗粒增强金属基复合材料切削加工形成的工件表面其分形维数与加工表面的耐磨性的关系,讨论了表面分形维数越大其抗磨损性能越强的机理。琚正挺采用分形方法研究真空烧结镍基合金涂层界面组织性能,通过对合金涂层界面形貌的分形分析,从而建立分形与涂层显微硬度、扩散系数、热疲劳性能之间的联系。

本章通过采用 Sierpinski 分维数的测量与计算方法对热处理前后 WC 颗粒增强钢基复合材料的 BSED 背散射电子像进行了分形研究,定量描述复合材料热处理前后 WC 颗粒的形貌变化,这对研究 WC 相性能的变化机制和 WC 形貌变化对复合材料性能的影响有着十分重要的作用。

5.2　Sierpinski 分维数的测量与计算

自 20 世纪 70 年代分形理论被 B. B. Mandelbrot 发表,该理论发展迅速并得到了广泛的应用。分形具有两个基本特征:其一是自相似性;其二为标度不变性。通常来说从不同的空间尺度或时间尺度来看,某结构、过程的特征都是相似的称为自相似性,某系统、结构的部分区域性质相似或者部分区域结构与整体结构相似也涵盖在内。在分形中任选一块区域,将其放大,获得的大图依然可以表现出原图的形貌特征且复杂程度、不规则性、形态等不出现变化就是标度不变性。在材料科学领域里,分形广泛存在于各类复合材料的组织、结构中,这类复合材料的一些重要特性可以用得到的分维数来表征。

依照自相似性和标度不变性这两大特征,分形可分为两大类:有规分形和无规分形。一般来说实际物质是统计自相似的,并有一定的标度不变性的存在范围,因此在无规则分形的范畴中,相对于有规分形,其分形维数不可以用简单的几步来表述,其计算要用统计的方法。

通常欧氏几何维数表述如下式:

$$D = -\frac{\ln N(r)}{\ln r} \qquad (5-1)$$

式中　$N(r)$——规则图形的长度、面积或体积测量值提高(缩减)的倍数;

　　　r——图形度量尺码放大(减小)倍数。

如:$r = \frac{1}{2}$ 时,正方形 $N(r)$ 为 4,立方体 $N(r)$ 为 8,依照式(5-1),可以用 $-\ln N(r)$ 与 $\ln r$ 绘图,求出正方形的维数是 2,立方体是 3。

以 Sierpinski 消失地毯为例对有规分形维数的计算步骤进行推导。B. B. Mandelbrot 把 Sierpinski 地毯设想成一块布料正被名为"Trema"的一只小虫一点点啃食掉,如图 5-1 所示。

先指令 Trema 吃掉分成九等分的正方形布料中心一块。剩余八块进行相同的过程,并无限次进行上述过程,便可得到具有无限多个孔、面积为零的

Sierpinski 地毯,该地毯孔与孔之间毫不相通,由无数根无限长的线结成。根据欧氏几何维数定义,尺度 r 变为原来的 $\frac{1}{3}$,测量数是以前的 8 倍,Sierpinski 地毯图形的维数为

$$D = -\frac{\ln 8}{\ln \frac{1}{3}} = 1.892\,8 \tag{5-2}$$

不同分维数的 Sierpinski 地毯可以用不同的构造方法产生。

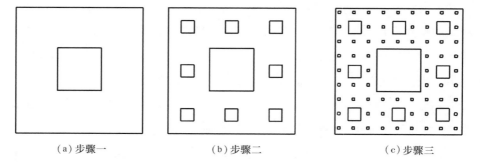

（a）步骤一　　　　　（b）步骤二　　　　　（c）步骤三

图 5-1　Sierpinski 地毯理论的示意图

如果改变所研究对象的放大倍数但不改变尺度,可以发现,得到与改变尺度相同的效果。把原始的平面看作单位面积 1,放大 r 倍后,全部平面即所研究部分的面积为 $A = r^2$。

将剩余面积数 $N(r)$ 标准化,标为 $N'(r)$,得

$$N'(r) = \frac{N(r)}{A} = \frac{N(r)}{r^2}$$

或

$$N(r) = N'(r) \cdot r^2 \tag{5-3}$$

因为图形放大 r 倍后的测量值为 $N(r)$,所以 $\frac{1}{r}$ 为图形实际度量尺码,将式（5-3）代入式（5-2）,可得

$$D = -\frac{\ln N(r)}{\ln \frac{1}{r}} = \frac{\ln N'(r) + \ln r^2}{\ln r} = 2 + \frac{\ln N'(r)}{\ln r} \tag{5-4}$$

Sierpinski 地毯的分维数也可利用式（5-4）求得。也就是说,关于无规分

形的研究对象,在放大倍数为 r 时,通过测量剩余面积百分数 $N'(r)$,将实际研究对象的 Sierpinski 分维数值由 $\ln N'(r) - \ln r$ 关系曲线的曲线斜率 k 近似求得。

5.3　图像分形提取并分维计算

扫描电镜 BSED 背散射电子像模式对粗颗粒 45% 试样和细颗粒 45% 试样进行拍照,按设定放大倍数照相获得特征图像,因为背散射电子像的黑白衬度反映了对应样品位置的平均原子序数,图 5 – 3 中白亮部分表示 W 元素较多,暗黑部分表示 W 元素较少,这样就将增强相颗粒与钢基体区分开,不需要再进行黑白二值化处理,直接采用 ImageJ 1.48 软件对 BSED 照片进行图像提取,在不同的放大倍数下,测量剩余面积即钢基体的百分数 $N(r)$。然后将 $N(r)$ 和对应的放大倍数 r 代入式(5 – 4)可得到 Sierpinski 地毯的分维数 D。

ImageJ 具有图像处理和分析的功能,除了基本的图像操作,还能进行图片的区域和像素统计、间距及角度计算,从而可统计对比度较大的第二相的尺寸和含量,粉体颗粒的粒度分析等。因此采用 ImageJ 测量复合材料中增强颗粒外剩余面积的百分数。

Sierpinski 分形法具体操作过程如图 5 – 2 所示。

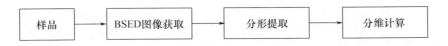

图 5 – 2　复合材料组织的 Sierpinski 分形法操作过程

粗颗粒 45% 试样和细颗粒 45% 试样的部分 BSED 照片分别如图 5 – 3 和图 5 – 4 所示,每行代表一组图,为同一个试样在同一区域、不同放大倍数下拍摄的图片。

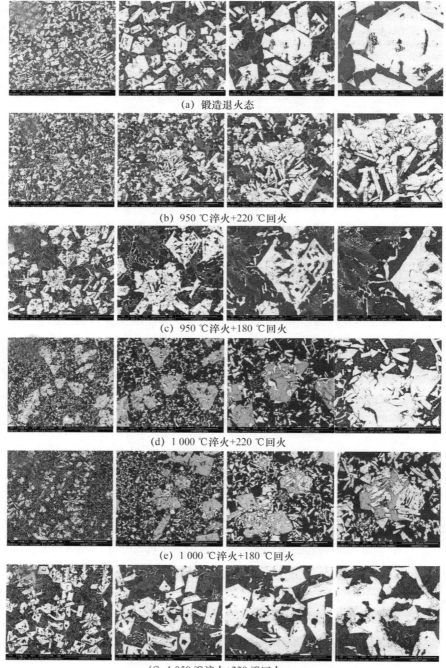

(a) 锻造退火态

(b) 950 ℃淬火+220 ℃回火

(c) 950 ℃淬火+180 ℃回火

(d) 1 000 ℃淬火+220 ℃回火

(e) 1 000 ℃淬火+180 ℃回火

(f) 1 050 ℃淬火+220 ℃回火

图 5-3　粗颗粒 45%WC 复合材料的 BSED 图

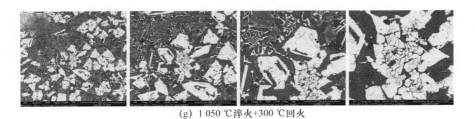

(g) 1 050 ℃淬火+300 ℃回火

续图 5－3

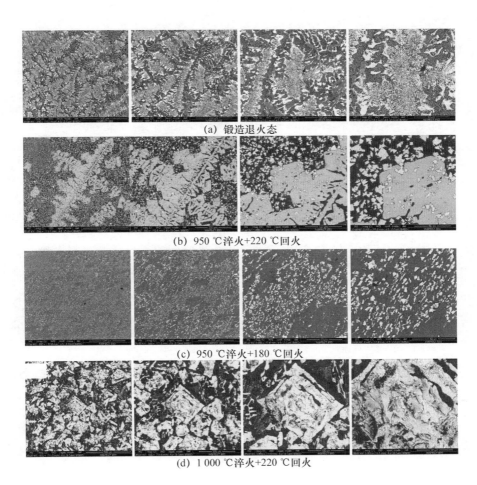

(a) 锻造退火态

(b) 950 ℃淬火+220 ℃回火

(c) 950 ℃淬火+180 ℃回火

(d) 1 000 ℃淬火+220 ℃回火

图 5－4　细颗粒 45％WC 复合材料的 BSED 图

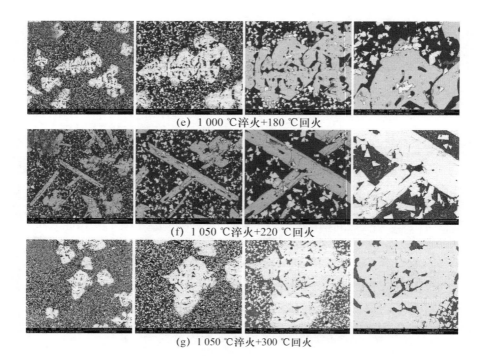

(e) 1 000 ℃淬火+180 ℃回火

(f) 1 050 ℃淬火+220 ℃回火

(g) 1 050 ℃淬火+300 ℃回火

续图 5 −4

采用 ImageJ 软件导入各 BESD 图,经计算处理后得到复合材料中剩余面积的百分数。将得出的数据代入式(5 −4),再利用 OriginPro 软件的拟合功能画出双对数曲线,如图 5 −5 和图 5 −6 所示。剩余面积百分数的常用对数称为标准化剩余面积,而图片放大倍率的常用对数称为标准化线性尺度,通过软件自动计算得到斜率值,而 k 可表示为

$$k = D - 2 \tag{5 − 5}$$

式中 k——负值。

因此 WC 的分维数为

$$D = k + 2 \tag{5 − 6}$$

将粗颗粒 45% 试样和细颗粒 45% 试样的 k 值代入式(5 −6),计算得到的 WC 分维数见表 5 −1。

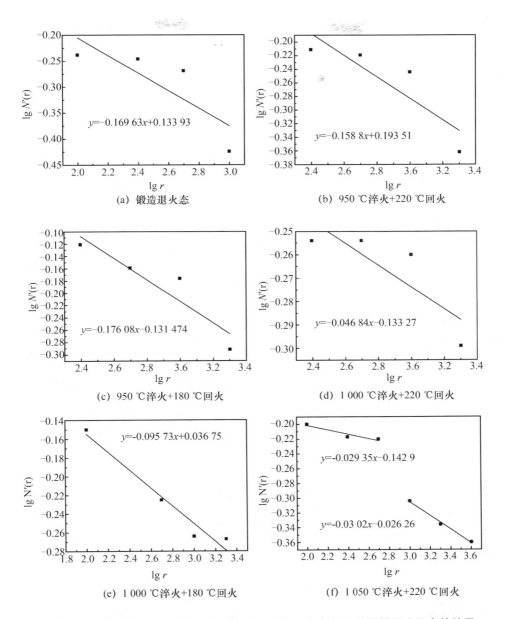

(a) 锻造退火态

(b) 950 ℃淬火+220 ℃回火

(c) 950 ℃淬火+180 ℃回火

(d) 1 000 ℃淬火+220 ℃回火

(e) 1 000 ℃淬火+180 ℃回火

(f) 1 050 ℃淬火+220 ℃回火

图 5-5　粗颗粒 45％WC 复合材料的标准化剩余面积与标准化线性尺度拟合的结果

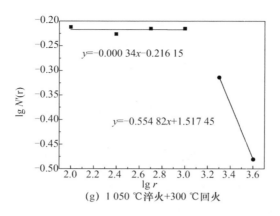

(g) 1 050 ℃淬火+300 ℃回火

续图 5 –5

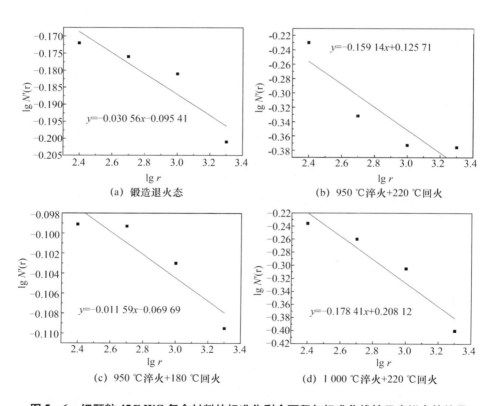

图 5 – 6　细颗粒 45％WC 复合材料的标准化剩余面积与标准化线性尺度拟合的结果

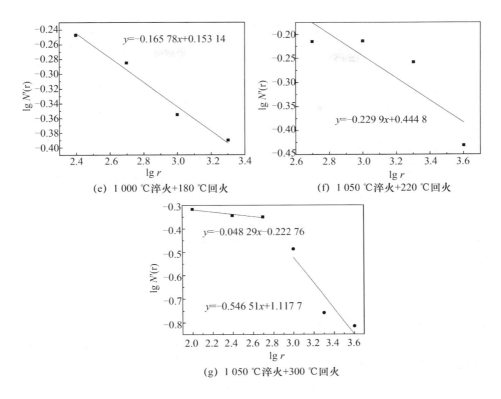

(e) 1 000 ℃淬火+180 ℃回火

(f) 1 050 ℃淬火+220 ℃回火

(g) 1 050 ℃淬火+300 ℃回火

续图 5－6

表 5－1　粗颗粒 45％试样和细颗粒 45％试样中 WC 的分维值

复合材料	热处理状态	拟合直线斜率 k	分维值 D	与锻造退火态分维值 D 的差值 ΔD
45％粗 WC	锻造退火态	$-0.169\ 63$	$1.830\ 37$	0
	950 ℃淬火 + 220 ℃回火	$-0.158\ 8$	$1.841\ 2$	$0.010\ 83$
	950 ℃淬火 + 180 ℃回火	$-0.176\ 08$	$1.823\ 92$	$0.006\ 45$
	1 000 ℃淬火 + 220 ℃回火	$-0.046\ 84$	$1.953\ 16$	$0.122\ 79$
	1 000 ℃淬火 + 180 ℃回火	$-0.095\ 73$	$1.904\ 27$	$0.073\ 9$
	1 050 ℃淬火 + 220 ℃回火	$-0.029\ 35$	$1.970\ 65$	$0.140\ 28$
		$-0.093\ 02$	$1.906\ 98$	$0.076\ 61$
	1 050 ℃淬火 + 300 ℃回火	$-0.000\ 34$	$1.999\ 66$	$0.169\ 29$
		$-0.554\ 82$	$1.445\ 18$	$0.385\ 19$

续表 5 –1

复合材料	热处理状态	拟合直线斜率 k	分维值 D	与锻造退火态分维值 D 的差值 ΔD
45%细 WC	锻造退火态	– 0.030 56	1.969 44	0
	950 ℃淬火 + 220 ℃回火	– 0.159 14	1.840 86	0.128 58
	950 ℃淬火 + 180 ℃回火	– 0.011 59	1.988 41	0.018 97
	1 000 ℃淬火 + 220 ℃回火	– 0.178 41	1.821 59	0.147 85
	1 000 ℃淬火 + 180 ℃回火	– 0.165 78	1.834 22	0.135 22
	1 050 ℃淬火 + 220 ℃回火	– 0.229 9	1.770 1	0.199 34
	1 050 ℃淬火 + 300 ℃回火	– 0.048 29	1.951 71	0.017 73
		– 0.546 51	1.453 49	0.515 95

由回归分析可知,随热处理工艺的不同,WC 的分维数呈现不同的变化,不同热处理状态与锻造退火态分维值 D 的差值 ΔD 也随之发生改变。45% 粗颗粒 WC 复合材料中,锻造退火态时 WC 的分维值 $D = 1.830\ 37$,热处理后的 WC 分维值与之越接近,即分维差值 ΔD 越小,则说明两种 WC 的形貌越相似,否则形貌差别越大。特别是 1 050 ℃淬火 + 220 ℃回火时,WC 的分维数可由两条不同斜率的直线表示,出现两个 WC 的分维值,$D_1 = 1.970\ 65$,$D_2 = 1.906\ 98$,其对应的分维差值 $\Delta D_1 = 0.140\ 28$,$\Delta D_2 = 0.076\ 61$,说明此种热处理状态下的 WC 存在两组粒度与数量都不同的分形结构(称为原始颗粒区和扩散颗粒区),这两个区的成分和组织结构不可能相同。分维差值 ΔD_1 较大,表明 1 050 ℃淬火 + 220 ℃回火后复合材料中有新相生成,与锻造退火态时的 WC 差异较大。结合第 3 章内容,可知其对应的为 Fe_3W_3C 复式碳化物,这是由于在较高的温度(1 050 ℃)下淬火,各类碳化物大量溶解,WC 中心缺陷处和边缘位置也溶解较多,在随后的 220 ℃回火时,在 WC 大颗粒周围析出更多的 Fe_3W_3C 复式碳化物。而分维差值 ΔD_2 较小,表明其对应的 WC 颗粒形貌与锻造退火态时的 WC 颗粒形貌差别不大,保留了后者的性能和形态。原始颗粒区和扩散颗粒区的存在,符合上述硬质相分维数变化的规律。

同理,对于粗颗粒和细颗粒在 1 050 ℃淬火 + 300 ℃回火时都出现两个 WC 的分维值,是由于 300 ℃回火温度稍高,且处于回火脆性区,生成较多的碳化物,也包括 Fe_3W_3C 复式碳化物,表现出和锻造退火态时的 WC 形态较大的差异。

图 5 - 7 所示为不同热处理状态与锻造退火态分维值 D 的差值 ΔD 的柱状图,由图可知,回火温度相同时,随淬火温度的提高分维差值 ΔD 逐渐提高,说明淬火温度越高,复合材料中 WC 的形貌与锻造退火态时差别越大。而淬火温度相同时,随回火温度的提高分维差值 ΔD 也增大,表明复合材料中 WC 的形貌与锻造退火态时差别越大。

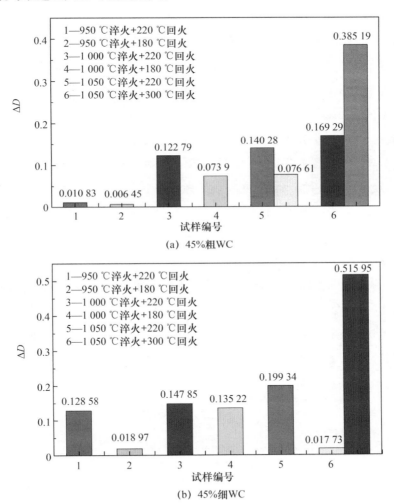

(a) 45%粗WC

(b) 45%细WC

图 5 - 7　不同热处理状态与锻造退火态分维值 D 的差值 ΔD

5.4　本章小结

本章采用 Sierpinski 分维数的测量与计算方法,对热处理前后的 45% 粗颗粒 WC 复合材料和 45% 细颗粒 WC 复合材料的 BSED 背散射电子像进行了分形研究,得到以下结论。

(1)热处理前后的 WC 颗粒增强钢基复合材料,WC 的分维数随热处理工艺的改变呈现不同的变化,不同热处理状态与锻造退火态分维值 D 的差值 ΔD 也随之发生改变。热处理后的 WC 分维值与锻造退火态时的分维值越接近,即分维差值 ΔD 越小,说明这部分 WC 颗粒部分保留原始颗粒的形貌和性能,而差别较大的一些分维数则说明有新的析出相生成。

(2)淬火加热温度为 1 050 ℃时,WC 的分维数可由两条不同斜率的直线表示,出现两个 WC 的分维值,此种热处理状态下的 WC 存在两组粒度与数量都不同的分形结构,其对应的 WC 颗粒区,有着不同的成分和组织结构。分维差值 ΔD 较大的对应为 Fe_3W_3C 复式碳化物;而分维差值 ΔD 较小的,则对应的 WC 颗粒形貌保留了锻造退火态时的性能和形态。

(3)回火温度相同时,随淬火温度的提高分维差值 ΔD 逐渐提高,说明淬火温度越高,复合材料中 WC 的形貌与锻造退火态时差别越大。而淬火温度相同时,随回火温度的提高分维差值 ΔD 也增大,表明复合材料中 WC 的形貌与锻造退火态时差别越大。

第6章 WC颗粒增强钢基复合材料的热疲劳性能

6.1 引言

热疲劳是由于金属材料在温度梯度循环引起的热应力循环(或热应变循环)而产生的疲劳破坏现象。大量的生产实践表明,热疲劳是热作模具的主要失效形式,限制了工件的使用寿命,并且热疲劳裂纹(以下简称裂纹)的出现还会成为其他形式的断裂源。由于复合材料中WC增强颗粒与钢基体巨大的物理性能和机械性能差别,裂纹萌生位置、扩展情况、延伸速率和断裂部位将具有多样性。目前国内外对于各种热作模具钢的热疲劳性能研究得比较多,而对WC/钢复合材料热疲劳性能的研究较少。

黄汝清等人采用热震实验方法对通过真空实型铸渗(V-EPC)方法制备的WC/钢基表面复合材料的热疲劳性能进行了研究,重点讨论了表面复合材料热疲劳裂纹萌生及扩展的影响因素。尤显卿等人在自约束型热疲劳实验机上对GJW50钢结硬质合金进行了热循环实验,光学金相显微镜和扫描电镜研究了在热应力的作用下的热疲劳裂纹扩展方式和形态。张焱等人对GJW50钢结硬质合金进行了20~680℃的热循环实验,研究了该合金热疲劳裂纹萌生及扩展机理,重点研究裂纹在其宽度方向上的扩展机理。刘宝等人在自约束型热疲劳实验机上对LGJW20钢结硬质合金进行了热疲劳实验,借助金相分析、扫描电镜(SEM)、能谱分析(EDS)等方法观察了合金的显微组织,重点研究了LGJW20的热疲劳性能表现,分析了热处理工艺对合金热疲劳性能的影响。Zulai Li等人采用真空消失模铸造法制备WC颗粒增强钢基表面复合材料,通过体视显微镜、X射线衍射仪和扫描电子显微镜对WC颗粒在复合材料中的热疲劳行为进行了研究。

本章采用冷热循环的热疲劳实验方法,深入研究了热疲劳裂纹在 WC 颗粒增强钢基复合材料中萌生、扩展的基本规律,分析了热疲劳机理,重点分析比较了不同热处理工艺对材料热疲劳性能的影响,并探究了热循环对裂纹形态和材料性能的影响。这对提高此类材料在工模具和轧辊等领域的高温服役性能具有一定理论意义和应用价值。

6.2 裂纹的形成

6.2.1 裂纹的萌生

一般热轧辊轧制区内温度超过 500 ℃,在轧制过程中,辊面承受周期性的冷热循环载荷冲击,伴随轧制时间的延长,辊面材料不可避免发生疲劳现象。热疲劳实验的加热温度选择 600 ℃,是处于相变温度以下的冷热疲劳实验,没有相变发生,不存在相变应力,因此循环交变的热应力是导致材料表面疲劳的主要应力。热应力可导致材料发生塑性变形甚至断裂破坏,它的来源主要为因热胀冷缩受到限制而产生的热应力,多相复合材料中因各相膨胀系数不同而产生的热应力和因温度梯度而产生的热应力。

热疲劳实验选用的试样为 950 ℃淬火 + 220 ℃回火、1 000 ℃淬火 +220 ℃回火、1 000 ℃淬火 +180 ℃回火和 1 050 ℃淬火 +220 ℃回火共四种热处理工艺的 45% 粗 WC 复合材料。实验时,观察到复合材料在热应力的作用下,裂纹的萌生存在一定的孕育期,复合材料需要经过若干次(大于 5 次)的冷热循环后才会萌生裂纹。孕育期过程中,在试样的 V 形缺口处产生了明显的塑性变形,在缺口边缘上出现了凹凸不平的小坑。而随着热循环次数的增加,小凹坑的尺寸增大,数目也增多,这样初始裂纹就最先在 V 形缺口尖端附近的凹坑底部出现,如图 6 - 1 所示。

WC 颗粒增强钢基复合材料在热应力的作用下,增强相与钢基体相都将产生塑性变形,但因硬质相塑性差而变化甚小,主要是塑韧性较好的钢基体相发生塑性变形。特别是位于两硬质相间的钢基体,颗粒相的钉扎作用将使钢基体的塑性变形受到抑制,向内缩成凹坑形态,则硬质相相对于凹下去的钢基体则呈现出凸起形状。所以经过一定次数的冷热循环后,V 形缺口处在出现裂纹前可看到凹凸不平的形态。

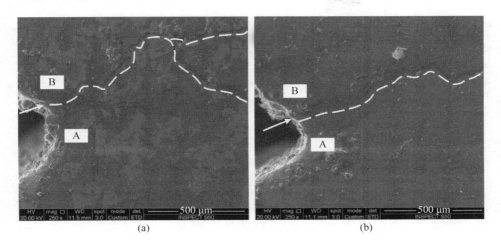

(a)　　　　　　　　　　　　　(b)

图 6 - 1　V 形缺口处的裂纹形态

由图 6 - 1 可知,热疲劳裂纹由缺口根部萌生,沿着试样入水方向(即热循环方向)急剧扩展,试样的表面没有发现龟裂纹,且只出现一条单一形态的主裂纹。这是由于试样预置了 V 形缺口,缺口处易造成应力集中,在热疲劳过程中,缺口效应使得缺口前方的应力状态发生变化,由原来的单向应力状态改变为两向或三向应力状态,而两向或三向不等拉伸的应力状态软性系数 $\alpha < 0.5$,使材料难以产生塑性变形,特别是对于 WC 颗粒增强钢基复合材料这样的脆性材料,很难通过缺口根部极为有限的塑性变形使应力重新分布,往往直接由弹性变形过渡到断裂。所以当冷热疲劳实验经过一定的循环次数后,热应力超出试样表面屈服强度时,就产生了如图 6 - 1 所示的一条主裂纹。同时,这条主裂纹没有发源于 V 形缺口最底部 A 处,而是在底部倒角圆弧与缺口两边的切点 B 处。

热应力公式可表述为

$$\sigma_{th} = \frac{E \cdot \alpha \cdot \Delta T \cdot F}{1 - \mu} \qquad (6 - 1)$$

式中　σ_{th}——热应力,N;

　　　E——弹性模量,Pa;

α——热膨胀系数,$\dfrac{1}{K}$;

ΔT——内外温差,K;

F——形状复杂系数;

μ——泊松比。

因此,对于同一块试样,除 ΔT 外,在不考虑相结构的情况下,其他条件相同,这样内外温差(即温度梯度)即是决定因数。由于切点 B 处的 ΔT 大于 A 处,所以 B 处所受的抗拉应力大;另外,B 点又是几何形状最大应力的集中点,所以裂纹将在此处首先形成。

由图 6 - 2(a)可见,裂纹萌生的过程中,还伴随着严重的氧化腐蚀。在 V 形缺口处,有部分腐蚀坑和局部氧化膜剥落现象(如箭头所指)。氧化腐蚀促使裂纹萌生,而裂纹萌生又加速氧化腐蚀产生,因此氧化腐蚀与裂纹的萌生相互交替进行。另由图 6 - 2(b)可见,裂纹的萌生是不连续的,呈间断性扩展,图中标示的①~⑥即为不连续的六小段裂纹。WC 颗粒增强钢基复合材料中,增强相和钢基体的热疲劳抗力不同。增强相中萌生的裂纹,如果扩展到与钢基体的界面,则因钢基体塑性较好,扩展受到阻碍,随着深入钢基体裂纹逐渐停止扩展而消失。同样,钢基体中萌生裂纹,当扩展到增强相界面时,由于增强相硬度高、塑性差,裂纹扩展也会受阻,所以裂纹的萌生呈不连续、断续状。

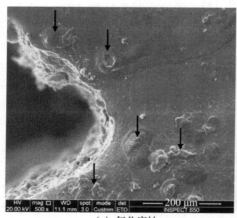 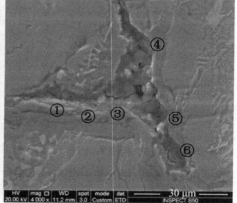

(a) 氧化腐蚀　　　　　　　(b) 裂纹间断性萌生扩展

图 6 - 2　裂纹萌生特点

6.2.2　裂纹的萌生机理

WC 增强相的热膨胀系数为 3.8×10^{-6} K^{-1}，远小于钢基体的（12.55×10^{-6} K^{-1}），故在热疲劳循环过程中增强相承受压应力，而钢基体承受拉应力。在拉应力作用下，钢基体中形成位错源，热应力使得钢基体中的位错源开动，不断产生位错并被推向 WC 相周围塞积起来。随着热疲劳不断进行，热应力随之增大，直到把领先位错推动到增强相/钢基体的交界面处，如图 6-3(a)所示。图中所示为同号刃型位错在应力作用下合并形成微孔的过程示意图，此位错模型很好地解释了微孔在 WC 颗粒增强钢基复合材料中的形核和长大机理。

当位错聚集数量达到一定程度时，超过增强相/钢基体间的界面结合力，就会使交界面分离而形成微孔。微孔形核的影响大大降低了后续位错上的排斥力，更多的位错将源源不断地推向微孔，导致微孔迅速扩大，如图 6-3(b)所示。另外，增强相/钢基体的界面处，应力由增强相一侧的压应力急剧过渡到钢基体一侧的拉应力，即两相界面处存在较大的应力梯度，这也是裂纹优先在界面处形成的一个主要原因。

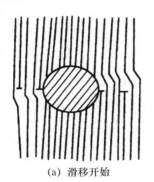

(a) 滑移开始　　　　　　　(b) 经过一段时间

图 6-3　微孔形核、长大的位错模型

此外，随着热疲劳循环的不断进行，微孔数量急剧增加、尺寸不断长大，当微孔扩大到一定尺寸时，由于热应力的作用，相邻微孔之间经由二次断裂而连接起来，形成微小裂纹；随着热应力的不断作用，小裂纹不断扩展而相互连通就形成了大裂纹，如图 6-4 所示。图中大裂纹清晰可见，且裂纹中分布大的孔洞，这些大孔洞由微小的孔洞连通或是由基体中原有孔隙和原始颗粒边界等缺陷形成,造成增强颗粒与钢基体脱节而遗留下的坑状痕迹。

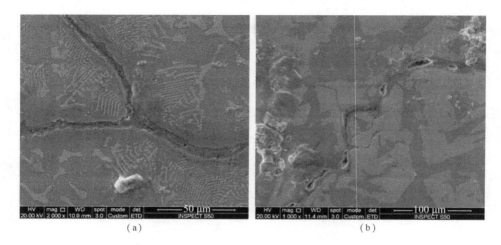

(a)   (b)

图6-4 试样表面裂纹及微孔

6.2.3 裂纹的扩展

复合材料中裂纹萌生后,随着热疲劳循环次数的增加,裂纹主要沿着其长度、宽度及深度方向上扩展。通过对热疲劳实验中试样表面裂纹扩展的观察,该复合材料主裂纹的扩展方式主要有以下六种。

(1)沿碳化物与钢基体界面扩展(图6-5(a))。

热疲劳实验中,钢基体相在冷热循环过程中产生循环软化,硬度降低,而WC颗粒和复式碳化物的硬度变化较小,从而增大了两相间的硬度差别。另外,增强相和钢基体相的热膨胀系数相差较大,在热疲劳过程中产生热应力集中现象,在增强相/钢基体界面处产生微孔形核、长大,并逐渐连通成微裂纹,造成界面脱开,有利于裂纹在分界面上扩展。

(2)穿过WC大颗粒和团块状碳化物扩展(图6-5(b))。

颗粒度大的WC在熔炼和热处理过程中只有边缘处部分溶解,较好地保留了原有形态。一些团块状碳化物都具有较大的脆性,低的热力学稳定性,在冷热循环时,不易产生塑性变形,只能通过自身产生裂纹来释放热应力。复合材料中的裂纹在扩展过程中,总是沿着降低能耗的方向扩展,如果遇到该自裂的大块状碳化物时,则优先选择在其中扩展。

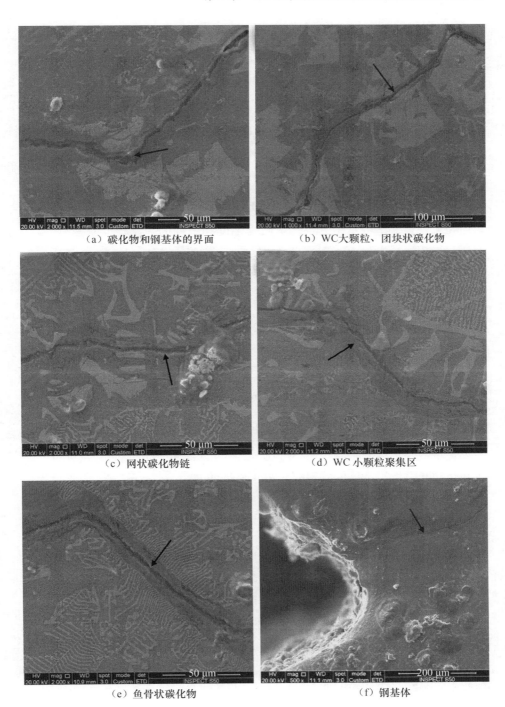

（a）碳化物和钢基体的界面　　　　（b）WC大颗粒、团块状碳化物

（c）网状碳化物链　　　　　　　　（d）WC 小颗粒聚集区

（e）鱼骨状碳化物　　　　　　　　（f）钢基体

图 6 – 5　热疲劳裂纹的扩展方式

(3)沿网状碳化物链扩展(图 6-5(c))。

如果复合材料中存在网状碳化物,则裂纹很容易沿这些碳化物链扩展。研究表明,这类碳化物主要分布在晶界处,硬度高脆性大,且熔点较低,这些网状碳化物链就似一条狭长的硬质相粒子链,起着割裂钢基体的作用。在冷热循环过程中,非常容易成为裂纹源,所以裂纹择优沿网状碳化物链扩展。

(4)穿越 WC 小颗粒聚集区扩展(图 6-5(d))。

研究表明,强度与塑性是影响材料热疲劳抗力的主要因素。当外界条件一定时,屈服强度较高就可降低循环后的塑性应变幅,而塑性较好则减弱局部热应力集中现象。但热疲劳各个阶段受强度和塑性的控制程度不一样,裂纹萌生时期主要受强度影响,而裂纹扩展时期主要受塑性影响,因此裂纹碰到塑性很差的 WC 小颗粒聚集区时,则优先穿越扩展。WC 小颗粒聚集区中塑性较好的钢基体相相对较少,裂纹在冷热循环作用下,沿温度梯度方向扩展,只要消耗很少的能量就能穿越 WC 小颗粒间的极薄钢夹层,造成裂纹快速连续扩展,表现出沿晶开裂特性。

(5)穿过鱼骨状碳化物扩展(图 6-5(e))。

图中可以清晰地观察到鱼骨状碳化物沿中间部位开裂,裂纹较容易穿过鱼骨状碳化物扩展。且图中鱼骨状碳化物部分区域发生碎化,这是由于共晶碳化物枝晶细小,分支多,脆性大,易产生应力集中,因此在热应力的作用下发生碎化和开裂现象。热疲劳裂纹在以消耗较低能量的方式扩展时,优先选择沿着碳化物的开裂处扩展,同时图中可见一些氧化腐蚀产物。

(6)穿越钢基体扩展(图 6-5(f))。

钢基体塑性较好,抗热疲劳性强,但随着冷热循环次数的增加,钢基体将发生软化现象,且再经历一定次数的热疲劳循环后,也会在钢基体中出现微裂纹,只是相对于其他裂纹扩展的区域来说,裂纹在钢基体中扩展是最不易和缓慢的。很多裂纹扩展到钢基体后就因阻力较大而降低延伸速率,有的甚至不再扩展而中止,除非继续增大热循环次数,裂纹才会重新开动扩展。

6.2.4 裂纹的扩展机理

裂纹在扩展时会视情况不同而发生弯曲或分岔现象。裂纹呈弯曲扩展通常与裂纹尖端的应力及组织状态相关,其主要原因一是裂纹在扩展过程中遇到 WC 增强相或复式碳化物,裂纹尖端处的扩展能量不足以使硬质相发生解理断裂穿越而过,只能绕过硬质相向前继续扩展,如图 6 – 6(a)所示;二是裂纹尖端前进方向有孔洞或组织缺陷,促使裂纹扩展时转向孔洞或缺陷处,从而扩展路线发生弯曲,如图 6 – 6(b)所示。但裂纹扩展的根本原因是裂纹始终向所需最低能量的方向扩展。对于裂纹分岔现象,如图 6 – 6(c)所示,也类似于弯曲,只是裂纹分岔时导致原来不连通的裂纹发生相连或交汇现象,造成微观上裂纹扩展的不连续、断续状,而宏观上看起来裂纹是呈连续扩展状态。

（a）弯曲裂纹　　　　　　　　　　（b）弯曲裂纹

（c）分岔裂纹

图 6 – 6　试样表面的热疲劳裂纹形态

当裂纹扩展前进方向有硬质相颗粒时,则路线发生弯曲或分岔。如果扩展路径前方只有一侧含有硬质相大颗粒、孔洞、结合弱分界面或微裂纹等大的缺陷,则裂纹扩展走向遵循最低能量消耗的原则,向缺陷处弯曲;如果两侧或多个方位含有大的缺陷,则裂纹会选择分岔扩展。而且裂纹分岔时只选择其中含有较多缺陷的方向作为主裂纹扩展路径,其余分岔裂纹的宽度和长度均较小,扩展缓慢,当能量消耗完后则停止延伸。当然,热疲劳发生弯曲或分岔现象,还与温度梯度、热应力的分布等诸多因素相关。

WC 颗粒增强钢基复合材料由增强相和作为黏结相的钢基体组成,由此存在众多的增强相/钢基体分界面和增强相/增强相分界面,特别是各相之间的热膨胀系数不一样,在热疲劳过程中就在相界面产生热应力集中,促使界面结合力降低,直至分离,尤其是在棱边、尖锐的边角、缺陷等部位更易引起热应力集中而开裂。在增强相/钢基体分界面处,钢基体的塑韧性较好,在热应力作用下发生屈服并产生塑性变形,使界面结合力减小,界面弱化,导致增强相脱离钢基体而遗留下脱落坑;而在增强相/增强相分界面处,WC 的硬度达到HV2 080,在交变应力作用下很难产生塑性变形,只能通过在分界面处产生沿晶断裂来释放应力,形成微裂纹。而且随着冷热循环的继续,损伤加剧,造成微裂纹的相互连通,形成大裂纹。

综上所述,热疲劳裂纹的扩展是在裂纹尖端前方孔洞、微裂纹以及热应力集中三者共同作用下形成的。颗粒增强钢基复合材料热疲劳裂纹的扩展机理是增强相、钢基体、组织缺陷以及热应力综合作用的结果。

6.3　裂纹的形态

裂纹在缺口尖端处萌生后,随着热循环次数的增加,在试样表面扩展的主要形态为直线形、折线形或梯形、圆弧形以及分岔四种,如图 6-7 所示。

裂纹最易沿热循环方向扩展,如果在该区域裂纹扩展没有受到增强相或其他缺陷等因素的影响,将沿热循环方向扩展形成直线形裂纹,如图 6-7(a)中箭头所指。

硬质相 WC 颗粒或团块状碳化物在裂纹的扩展过程中起到关键性的作用,当裂纹在钢基体中扩展受阻时,它便需要寻找附近所需扩展能量较小的路径。而附近的硬质相区会诱发裂纹,它提供的扩展路径所需能量较小,裂纹便优先往硬质相方向扩展,即是硬质相诱使裂纹扩展。这时裂纹可以选择绕过该硬质相或直接穿越扩展。

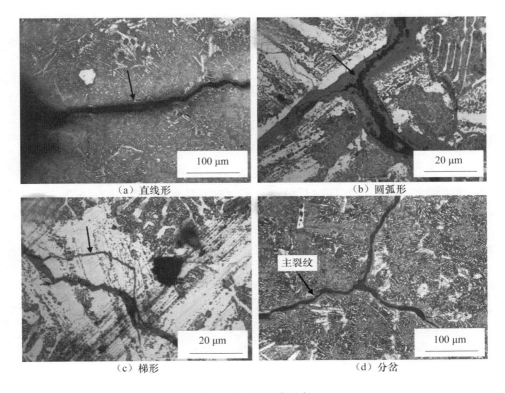

（a）直线形　　　　　　　　（b）圆弧形

（c）梯形　　　　　　　　　（d）分岔

图 6 - 7　裂纹的形态

如果裂纹扩展遇到没有发生自裂的增强相颗粒时,那么裂纹将寻找消耗能量较低的增强相/钢基体分界面扩展。因为 WC 颗粒在电冶熔铸过程中发生不同程度的溶解和扩散,边缘被圆化,所以呈圆弧路径绕过颗粒,表现出弧形裂纹,如图 6 -7(b)中箭头所指。

如果增强相在冷热循环过程中因本身硬度高、脆性大而发生自裂,当裂纹扩展到硬质相 WC 颗粒或团块状碳化物时,与自裂纹相遇并连通,这样将穿越硬质相形成折线或梯形裂纹,如图 6 -7(c)中箭头所指。当穿过硬质相后,裂纹会遵循之前的温度梯度方向继续扩展。

分岔裂纹是主裂纹扩展时前方多个方位含有大的缺陷,这样从主裂纹中将萌生二次裂纹,主裂纹向缺陷最大方向、能耗最低的路径扩展,而二次裂纹拐向其次能耗较低的路径,这样形成分岔裂纹的形态,如图 6 -7(d)所示。

观察热疲劳试样时还发现钢基体对裂纹扩展具有阻塞作用,如图 6 - 8

（a）所示。图中，箭头所指示的裂纹在钢基体的扩展过程中，会逐渐变细，最后终止在钢基体中。这是因为钢基体具有较好的韧性、塑形以及较高的屈服强度，会使裂纹尖端应力松弛，消耗较大的能量，使裂纹扩展终止，裂纹若要在钢基体中继续发展就要有更大的能量。当裂纹扩展遇到 WC 硬质相或团块状碳化物，将视硬质相是否自裂而选择绕过或穿过，这些前面已表述。特别是当裂纹扩展方向与硬质相棱边夹角较小时，易选择绕过，而当与棱边夹角过大甚至垂直时，易直接穿过，如图 6-8（b）所示。

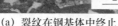

（a）裂纹在钢基体中终止　　　　　（b）裂纹绕过和穿过WC区域

图 6-8　裂纹的形貌

图 6-9（a）中，裂纹在 WC 区域 A 扩展到钢基体前沿处，由于钢基体经过淬火和回火处理，强韧性好，裂纹扩展受阻，尖端变钝。随着冷热循环次数的增加，钢基体循环软化，热应力的持续作用将使裂纹的扩展能量足以在钢基体中继续延伸。且裂纹会按照耗能最低的路径扩展，即选择钢基体对面的 WC 区域 B 方向扩展，同时通过"搭桥"的方式择优选择钢基体相最薄弱处穿越该相区，也就是 A 与 B 两处之间的最短距离。

裂纹的"搭桥"扩展过程为：主裂纹扩展到 A 处受阻，B 处增强相在热应力作用下也萌生裂纹，同时在 A 和 B 之间，即钢基体相内，也萌生了微裂纹，该裂纹起到了桥梁的作用，将 A、B 两处的裂纹通过"搭桥"的方式连接起来。并且从图中还可看出，A 处裂纹最粗，B 处其次，中间钢基体中的裂纹最细，这说明 A 处裂纹最先形成，钢基体中的裂纹最后形成，从而表现出钢基体相的热疲劳抗力大于硬质相。类似的扩展也可以在图 6-9（a）中的 C→D 处和图 6-9（b）

中的 E→F、G→H 处观察到。此外,从主裂纹的整体来看,通过"搭桥"扩展后往往呈折线形或梯形。

（a）　　　　　　　　　　　　　（b）

图 6 - 9　裂纹的搭桥扩展

6.4　热处理工艺对热疲劳性能的影响

通常 5CrNiMo 热作模具钢的热疲劳抗力主要取决于材料的强度和塑性,较高的屈服强度就可降低循环后的塑性应变幅,而塑性较好则使局部应力集中松弛,所以热疲劳抗力随强度和塑性的提高而增强。WC 颗粒增强钢基复合材料不同于 5CrNiMo 热作模具钢,以 WC 颗粒为增强相,以钢基体为黏结相,增强相硬度高,塑性差,这样在热疲劳循环过程中,钢基体在热胀冷缩下发生往复的塑性变形,在增强相/钢基体的分界面上产生很大的热应力,导致热疲劳裂纹的萌生和扩展。且在冷热循环次数较多时,钢基体发生循环软化效应,如图 6 - 10 所示,复合材料的洛氏硬度随循环次数的增大而逐渐减小。这样裂纹在基体中也变得容易扩展,降低了材料的热疲劳抗力。增强相脆性大,容易发生自裂,因此 WC 颗粒增强钢基复合材料的热疲劳抗力主要取决于钢基体的强度。循环塑性变形导致材料的累积损伤将造成材料的热疲劳破坏,由于在热应力一定时,材料的塑性应变幅随屈服强度的升高而减小,所以提高材料的屈服强度有利于增强热疲劳抗力。

热疲劳裂纹的长度随着热循环次数的增加而发生变化,其影响规律在一定程度上反映了复合材料热疲劳抗力的强弱,图6-11所示为裂纹长度与热循环次数间的关系曲线图。在开始循环的一定次数内,裂纹长度 a 与热循环次数 N 大概呈线性关系。相对于950 ℃和1 050 ℃的淬火加热温度,1 000 ℃淬火时裂纹长度最小,反映出此种热处理状态下热疲劳抗性较好。而相较于200 ℃回火,180 ℃回火时裂纹长度稍小,热疲劳抗性较高些,但相差不大。因为 WC 颗粒增强钢基复合材料的裂纹扩展主要由增强相和钢基体界面上的热应力造成,低温回火时钢基体的强度、硬度较好,塑性变形较小,热应力较低,所以材料的热疲劳性能较好。

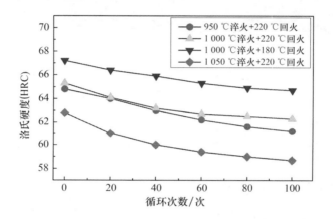

图6-10　45％粗 WC 复合材料在热循环过程中的硬度变化曲线

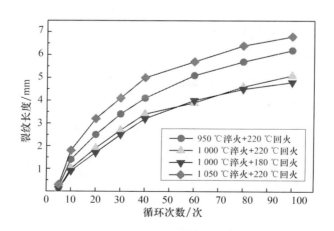

图6-11　裂纹长度与热循环次数间的关系

研究表明,提高淬火加热温度将促使晶粒长大,降低热疲劳抗力,但有助于未溶碳化物的溶解,增大奥氏体的合金度,提高钢基体的屈服强度和热循环稳定性,综合作用的结果还是增强热疲劳抗力。且复合材料的淬火加热温度在 950 ℃以上,较高的淬火温度有助于碳化物的溶解,使性能较差的网状碳化物碎断、溶解,WC 颗粒的尖角部位被圆化,减少了应力集中,因此在一定范围内,适度升高淬火温度将有利于热疲劳抗力的提高。由第 4 章内容可知,当温度超过 1 050 ℃时,复合材料的洛氏硬度值大幅降低,这主要是因为高硬度的碳化物溶解较多,而残余奥氏体增多,晶粒粗化,由此也将导致热疲劳抗力的降低。对于热疲劳抗力来说,在 20 ~ 600 ℃的冷热循环条件下,最佳淬火温度为 1 000 ℃。低于 1 000 ℃时,热疲劳抗力随淬火温度的升高而增大,直至 1 000 ℃达到峰值,之后随着淬火温度的升高,热疲劳抗力反而呈下降态势。

回火温度升高时,马氏体中的碳和合金元素含量逐渐降低,复合材料的力学性能随之发生改变,由于钢基体逐步软化及碳化物粗化,因此钢基体的强度和硬度迅速下降,较大的塑性变形使得增强相和钢基体界面间的热应力增大,复合材料的热疲劳抗性力变差。

6.5　本章小结

本章对 950 ℃淬火 + 220 ℃回火、1 000 ℃淬火 + 220 ℃回火、1 000 ℃淬火 + 180 ℃回火和 1 050 ℃淬火 + 220 ℃回火共四种热处理工艺的粗颗粒 45% WC 复合材料进行了热疲劳实验,研究了该复合材料在一定次数的冷热循环下裂纹的萌生和扩展状况,提出裂纹的微观机制,分析裂纹的形态,探讨热处理工艺对热疲劳性能的影响规律,得到以下结论。

(1)热疲劳裂纹萌生存在一个孕育期,需经过 5 ~ 10 次热循环,才会在 V 形缺口底部倒角圆弧与缺口两边的切点处萌生裂纹。裂纹萌生与氧化腐蚀相互促进,交替进行。裂纹的萌生是不连续的,呈间断性扩展,且只出现一条单一形态的主裂纹。

(2)由于 WC 增强相和钢基体的热膨胀系数差异较大,热应力造成位错在增强相/钢基体的交界处塞积,引起应力集中,形成微孔,导致微裂纹在界面处形核,小裂纹不断扩展相互连通就形成了大裂纹。

（3）复合材料中裂纹萌生后,随着热疲劳循环次数的增加,裂纹主要沿着其长度、宽度及深度方向上扩展。主裂纹的扩展方式主要有:①沿碳化物与钢基体界面扩展;②穿过 WC 大颗粒和团块状碳化物扩展;③沿网状碳化物链扩展;④穿越 WC 小颗粒聚集区扩展;⑤穿过鱼骨状碳化物扩展;⑥穿越钢基体扩展。钢基体对裂纹扩展具有阻塞作用,使裂纹在扩展过程中逐渐变细,最后终止在钢基体中。当裂纹扩展遇到 WC 硬质相或团块状碳化物,将视硬质相是否自裂而选择绕过或穿过,特别是当裂纹扩展方向与硬质相棱边夹角较小时,易选择绕过,而当与棱边夹角过大甚至垂直时,易直接穿过。

（4）当裂纹扩展前向有硬质相颗粒时,路线发生弯曲或分岔。如果扩展路径前方只有一侧含有硬质相大颗粒、孔洞、结合弱分界面或微裂纹等大的缺陷,则裂纹扩展走向遵循最低能量消耗的原则,向缺陷处弯曲;如果两侧或多个方位含有大的缺陷,则裂纹会选择分岔扩展。而且裂纹分岔时只选择其中含有较多缺陷的方向作为主裂纹扩展路径,其余分岔裂纹的宽度和长度均较小,扩展缓慢,当能量消耗完后则停止延伸。热疲劳裂纹的扩展是在裂纹尖端前方孔洞、微裂纹以及热应力集中三者共同作用下形成的。颗粒增强钢基复合材料热疲劳裂纹的扩展机理是增强相、钢基体、组织缺陷以及热应力综合作用的结果。

（5）裂纹在试样表面扩展的主要形态为直线形、折线形或梯形、圆弧形以及分岔四种。裂纹在钢基体中的扩展方式按照钢基体区域的尺寸大小可分为:钢基体相尺寸较大时,裂纹选择钢基体相最薄弱处作为中间点穿越,即钢基体前后的硬质相颗粒间的最短距离,通过"搭桥"方式"过河",形成"搭桥"裂纹;当钢基体相较小时,则直接在钢基体上扩展。从主裂纹的整体来看,通过"搭桥"扩展后往往呈折线形或梯形。

（6）在热循环次数较多时,钢基体发生循环软化效应,复合材料的洛氏硬度随循环次数的增大而逐渐减小,使得裂纹在基体中更容易扩展,降低了材料的热疲劳抗力。在热疲劳开始循环的一定次数内,裂纹长度 a 与热循环次数 N 大概呈线性关系。本实验中,1 000 ℃淬火时裂纹长度最小,而 180 ℃回火时裂纹长度稍小,热疲劳抗性较高。在 20 ~600 ℃的冷热循环条件下,最佳淬火温度为 1 000 ℃。低于 1 000 ℃时,热疲劳抗力随淬火温度的升高而增大,直至 1 000 ℃达到峰值,之后随着淬火温度的升高,热疲劳抗力反而呈下降态势。回火温度升高时,复合材料的热疲劳抗性力变差。

第7章　WC 颗粒增强钢基复合材料的摩擦磨损性能

7.1　引言

T. S. EYRE 曾对各类磨损所造成损失作出了估算,其中磨料磨损占 50% 左右。磨料磨损根据第三体磨料的存在与否可划分为二体磨损和三体磨损。研究表明,三体磨损的硬度与耐磨性的关系不是单调的线性增加这么简单,产生这种不同于二体磨损的差异的原因,主要是二体磨损主要是微切削机制,而三体则是塑变加切削的机制。随着硬度的增加因切削引起的磨损量是趋向于减小的,而塑变磨损是随被磨材料的硬度增加而提高的。

张晓峰等人通过对二体磨损和三体磨损的概念的讨论以及二体磨损和三体磨损关系的分析,提出了二体磨损是三体磨损的特例,三体磨损更具有普遍性这一观点。这对在二体磨料磨损的模型基础上建立三体磨料磨损的模型有理论上的指导意义。孙建荣等人研究了 TiC 颗粒增强 3Cr13 钢基复合材料的显微组织和摩擦磨损特性,探讨了 TiC 颗粒增强 3Cr13 钢基复合材料的摩擦磨损机理。魏永辉等人用铸造的方法制备了原位自生复合碳化物[(Ti,WCr,V,Nb)C]增强钢基复合材料,并对该复合材料的磨粒磨损性能及磨损机理进行了研究。冯培忠等人用离心铸造工艺制备了 WC$_p$/钢基复合材料辊环,并对所制备的复合材料进行了分析与性能测试。结果表明,离心铸造工艺制备的复合材料辊环表面复合层与芯部基体结合良好,表面复合层硬度达到 HRC 63~65,复合材料的耐磨性较基体材料提高了 3 倍。Farid Akhtar 通过 Ti、C 和 FeB 的化合反应制备了质量分数为 30%~70% 的 TiB$_2$ 和 TiC 增强钢基复合材料,研究发现,对复合材料进行往复滑动磨损实验,磨损量随增强物质的增加而减少。

WC 颗粒增强钢基复合材料作为工模具和轧辊材料主要应用于高硬度、高耐磨的场合,研究其二体磨损和三体磨损性能,评价复合材料的摩擦系数和磨损量,分析磨损形貌,提出磨损机理,探求热处理工艺、WC 的质量分数、尺寸与耐磨性的内在关系,这在以后 WC 复合材料推广应用中具有很重要的作用。

7.2　二体磨损实验

7.2.1　二体磨损摩擦系数分析

摩擦系数是指两表面间的摩擦力和作用在其一表面上的垂直力之比值。它和表面的粗糙度有关,而和接触面积的大小无关。摩擦系数反映了工件表面形貌、接触形式、载荷及滑动速度之间的相互作用关系。滑动表面材料间的弹塑性变形、黏着及硬微突体或硬质颗粒压入软基表面产生的犁削作用将决定摩擦系数的大小。

图 7 – 1 所示为 5CrNiMo 钢和 WC 颗粒增强钢基复合材料不同热处理状态的二体磨损摩擦系数曲线,由图可见,不同材料和热处理状态的前 30 min 初期,摩擦系数抖动幅度较大,说明这是磨合期。之后的 30 min 到 80 min 抖动逐渐减小,80 min 后便逐步趋于稳定,达到平衡值,并在这一平衡值附近波动,波幅较小,表明进入了稳定磨损阶段。由于磨损实验都是 120 min,磨损时间不长,没有达到加速磨损这一阶段。

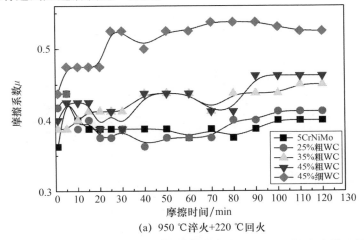

(a) 950 ℃淬火+220 ℃回火

图 7 – 1　5CrNiMo 钢和 WC 颗粒增强钢基复合材料的二体磨损摩擦系数曲线

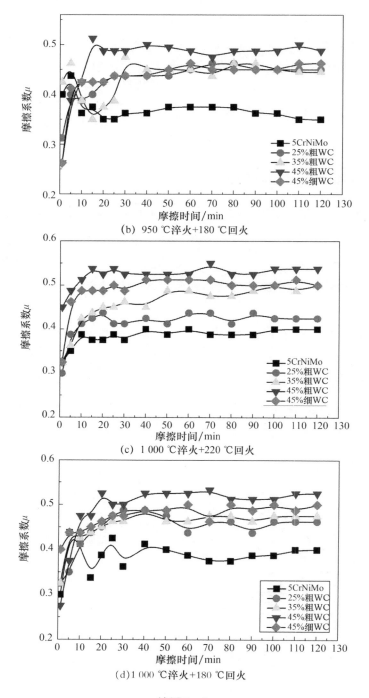

(b) 950 ℃淬火+180 ℃回火

(c) 1 000 ℃淬火+220 ℃回火

(d)1 000 ℃淬火+180 ℃回火

续图 7−1

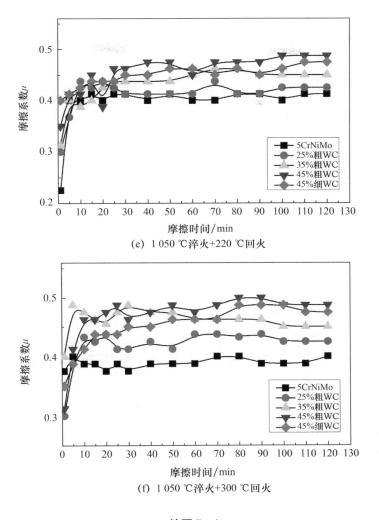

(e) 1 050 ℃淬火+220 ℃回火

(f) 1 050 ℃淬火+300 ℃回火

续图 7-1

　　由图 7-1 还可看出,在二体磨损时,本实验即滑动干摩擦,5CrNiMo 钢的摩擦系数最小,这是因为 5CrNiMo 钢中没有 WC 这类的增强颗粒,不会对摩擦系数产生较大影响,增强颗粒可能会起到增大摩擦系数的作用。而复合材料中随着 WC 质量分数的增多,从 25%粗 WC、35%粗 WC 到 45%粗 WC,摩擦系数一直增大,且 45%粗 WC 和 45%细 WC 复合材料相比,粗颗粒的复合材料摩擦系数更大。这是因为粗颗粒的 WC 在熔炼和之后热处理过程中,溶解部分较少,大部分还保留原有形貌,而细颗粒的 WC 则溶解较为严重,所以磨损过程中突出基体表面的颗粒尺寸没有粗颗粒的大,对表面粗糙度影响较小,更接近于钢基体的摩擦系数。

7.2.2 二体磨损量分析

表 7-1 为二体磨损量测量结果,图 7-2 所示为 5CrNiMo 钢和 WC 颗粒增强钢基复合材料不同热处理状态的二体磨损量曲线,由图可见,相同热处理状态下,复合材料的磨损量远小于 5CrNiMo 钢,即使复合材料中只含 25% WC 的复合材料,其磨损量也小于 5CrNiMo 钢,说明采用复合电冶熔铸工艺制备的 WC 颗粒增强钢基复合材料比基体材料 5CrNiMo 模具钢具有更好的耐磨性。

电渣熔铸过程中,WC 颗粒和液态钢基体发生了界面反应,生成了高稳定性的 Fe_3W_3C 界面层。淬火时 WC 相会发生溶解,但由于本实验高温淬火工艺停留时间仅 15 min,特别是粗颗粒的 WC,仅颗粒表面发生溶解反应,主体形貌仍是初始状态。在表面能最高、热力学不稳定的棱角处 WC 颗粒将优先发生溶解,溶解反应生成的复式碳化物 Fe_3W_3C 在 WC 颗粒和钢基体间构成了一层稳定的冶金结合反应层。WC 颗粒这一性能,对淬火后钢基体的组织结构和化学成分的改变产生很大的作用。首先,WC 颗粒的局部溶解主要部位是尖锐的棱角,所以溶解后钝化了 WC 颗粒的棱角,这对材料在使用时钢基体与 WC 颗粒界面处应力集中具有弱化作用。其次,钢基体由于 WC 颗粒的局部溶解,合金化程度和碳含量都有了较大的增加,从而提高了 WC 颗粒与钢基体间界面结合的强度。并且 WC 颗粒周围包裹的稳定碳化物 Fe_3W_3C,能够提高钢基体与 WC 颗粒间的物理相容性,减少钢基体与 WC 颗粒之间由热膨胀系数和弹性模量差异引起的热应力,相界面的缺陷极少,表现出良好的界面结合,材料在外力作用时可以有效地把外加载荷传递到 WC 增强颗粒,WC 颗粒承担了主要载荷,又由于钢基体与 WC 颗粒结合牢固,硬质相脱落受到抑制,从而提高了钢基复合材料的耐磨性。因此 WC 复合材料比 5CrNiMo 钢具有较好的耐磨性能。

普通的粉末冶金复合材料中硬质相粒子的脱落是由于承载时 WC 与钢基体界面处产生应力集中,钢基体强韧性差,应力集中得不到松弛,两相界面结合强度低,易产生疲劳裂纹并扩展,因此硬质相粒子与钢基体脱落形成磨粒。

而本实验复合材料由于界面处是冶金结合,界面结合强度高,因此在界面处产生裂纹比较困难,裂纹首先产生在硬质相晶粒内部。在磨损过程中,磨面上的硬质颗粒分布是不均匀的,在承受载荷时,每个硬质颗粒承受的载荷和应力大小也是不相同的,承受较大应力的颗粒内部必先萌生疲劳裂纹,在反复磨损的过程中,微裂纹逐渐扩展,导致硬质相颗粒脆性脱落,这一过程相对于粉末冶金复合材料中的硬质相的脱落过程更长,表现到磨损上就是磨损率变化减慢,这也是复合电冶熔铸 WC 复合材料的耐磨性为何比一般复合材料耐磨性高的原因。

表 7 – 1　5CrNiMo 钢和 WC 颗粒增强钢基复合材料磨损量测量结果

序号	复合材料状态	5CrNiMo /mg	25% 粗 WC /mg	35% 粗 WC /mg	45% 粗 WC /mg	45% 细 WC /mg
1	熔铸原始态	—	32.8	27.3	9.3	18.2
2	锻造退火态	106.5	35.4	29.9	11.2	25.7
3	950 ℃淬火 +220 ℃回火	70.6	21.6	21.2	5.8	8
4	950 ℃淬火 +180 ℃回火	64.7	27.7	12.1	6.6	14.6
5	1 000 ℃淬火 +220 ℃回火	61.5	31.3	24.4	6.4	17.2
6	1 000 ℃淬火 +180 ℃回火	50.4	24.5	20.5	2.3	12.3
7	1 050 ℃淬火 +220 ℃回火	48.3	21.5	16.2	6.9	18.1
8	1 050 ℃淬火 +300 ℃回火	39.5	30.1	26.6	10.2	21.9

从图 7 – 2 中还可看出,随着 WC 质量分数的增多,从 25% 粗 WC、35% 粗 WC 到 45% 粗 WC,磨损量一直减小,即 WC 颗粒增强钢基复合材料的耐磨性随着 WC 质量分数增大而提高。且 45% 粗 WC 和 45% 细 WC 复合材料相比,粗颗粒的复合材料磨损量更小,即在一定范围内,WC 颗粒增强钢基复合材料的耐磨性随颗粒度的增大而提高。在 1 000 ℃淬火 +180 ℃回火时,45% 粗 WC 复合材料的耐磨性最好,耐磨性是相同热处理状态下的 5CrNiMo 钢的 21.96 倍,分别是 25% 粗 WC、35% 粗 WC 和 45% 细 WC 复合材料的 10.65、8.91、5.35 倍。

增强相颗粒的多少虽然影响复合材料的耐磨性,但是并非增强颗粒越多

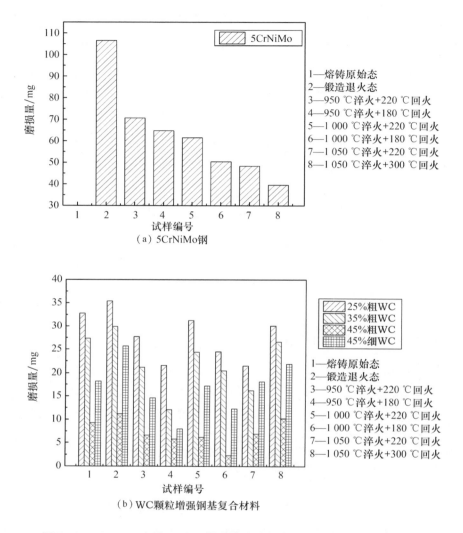

图 7-2　5CrNiMo 钢和 WC 颗粒增强钢基复合材料的二体磨损量曲线

耐磨性就越好。本实验受实验条件限制,最多只制备了质量分数为 45% 的 WC,没有检测 WC 质量分数为更高的复合材料的耐磨性能。相关文献指出,WC 颗粒尺寸对磨损性能的影响,不会随 WC 含量的增多一直提高,关键是改善增强相与基体相的结合,使二者的界面结合牢固,从而使增强颗粒在磨损过程中能抵抗载荷,不会轻易从基体上脱落下来。大颗粒 WC 周围存在一层界面反应层,它改善了 WC 与钢基体的界面结合,提高了 WC 颗粒对钢基体的支撑作用,使基体在较大的载荷下可以有效地把外加载荷传递给 WC 颗粒,同时也会使 WC 颗粒的脱落受到抑制。小尺寸的 WC 颗粒由于镶嵌在基体中的深度较小,在对磨过程中很容易随基体发生犁削脱落并形成磨屑,夹在对磨环和试样之间,会由原来的二体磨损转变为三体磨粒磨损,加剧磨损过程。

从图 7 - 2 中同类试样在不同热处理状态下比较,可见锻造退火态试样的耐磨性最差。回火温度相同时,随加热淬火温度的提高,材料的耐磨性也随之增大;加热淬火的温度相同时,随回火温度的提高,材料的耐磨性随之降低,特别是回火温度高时,降低得更为严重。

7.2.3　二体磨损形貌分析

图 7 - 3 所示为 5CrNiMo 钢 1 000 ℃淬火 + 180 ℃回火的磨损面微观形貌,从图 7 - 3(a)中可以看到基体材料的磨损表面存在一道道清晰可见、相互平行的犁沟,这是由于经回火后 5CrNiMo 钢本身就具有一些碳化物,加上试样和对磨环的硬度都比较高,这些碳化物在磨损过程中容易剥落下来,形成磨粒,夹在对磨面中的磨粒受到切向力的作用而沿摩擦表面产生相对运动,摩擦表面材料就会被剪切下来,造成如图 7 - 3 中所示犁沟的形成。图 7 - 3 中可以找到黏着磨损的痕迹,材料磨损表面黏附一层很薄的转移膜,并且颜色发暗,有摩擦氧化的特征。

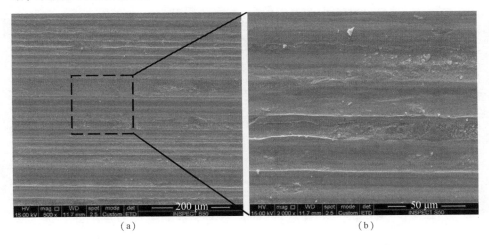

(a)　　　　　　　　　　　　　　(b)

图 7 - 3　5CrNiMo 钢 1 000 ℃淬火 + 180 ℃回火的磨损面微观形貌

　　5CrNiMo 钢的磨损其实是黏着磨损以及磨粒磨损的综合结果,磨损起初阶段,由于摩擦副以及实验材料表面较光滑,摩擦面之间磨粒较少(表面灰尘等),没有润滑,所以接触表面很快会产生局部高温区,从而会使试样表面部分材料通过黏着作用而转移到对磨环表面,同样对磨环表面也会有材料黏着在试样表面。随着黏着磨损的进行,材料中的一些碳化物发生脱落,并夹在摩擦面之间形成磨粒,随着磨损的进行,磨粒逐渐增多,磨粒磨损加剧,最后形成图7-3 所示的磨损形貌。

　　图 7-4 所示为 5CrNiMo 钢和 WC 颗粒增强钢基复合材料的磨损面微观形貌,对比图 7-3 可以看出,复合材料表面的划痕很浅,没有深的犁沟出现,表明复合材料的耐磨性比 5CrNiMo 钢优异。图 7-4(a)是锻造退火态的 25% 粗 WC 复合材料,基体有许多鱼骨状碳化物,在磨粒磨损过程中,这些网状碳化物易发生断裂和脱落,未能很好地保护基体。

　　图 7-4(b)是 1 000 ℃淬火 +180 ℃的 25% 粗 WC 复合材料,热处理后材料得到强化,表面脱落较少,有一些黏着物,并可见颗粒开裂情况,说明载荷主要作用在增强颗粒上,而颗粒以产生裂纹来传递载荷,实验过程中没有发现明显的裂纹快速扩展导致碳化物断裂脱落的迹象,增强颗粒很好地保护了钢基体,起到了提高复合材料耐磨性的作用。

　　图 7-4(c)是 1 000 ℃淬火 +180 ℃的 45% 粗 WC 复合材料,只在图下部看到很浅的划痕,且大颗粒 WC 很好地钉扎在基体中,只有极个别的脱落。摩擦过程中复合材料的裂纹萌生在大颗粒 WC 硬质相的内部,单个 WC 颗粒硬质相的剥落及联片剥落可推断是由这些裂纹萌生与扩展造成的。此状态下 WC 颗粒增强钢基复合材料的基体是回火马氏体,韧性较好,基体对硬质相的支撑作用强,裂纹不易萌生与扩展,硬质相较难脱落,因此 WC 颗粒增强钢基复合材料表现出很高的耐磨性。复合材料在二体摩擦磨损条件下的磨损机制为磨粒磨损和氧化磨损。

　　图 7-4(d)是 1 000 ℃淬火 +180 ℃的 45% 细 WC 复合材料,由于 WC 的质量分数多且颗粒度小,容易发生脱落,图中可见一小片剥落区域。对比图 7-4(c),可说明相同含量的 WC 复合材料,增强颗粒小时耐磨性较差。

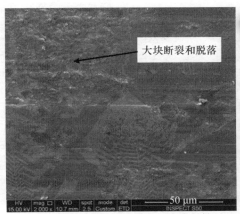
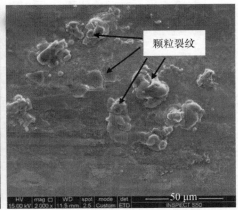

(a) 锻造退火态的25%粗WC复合材料　　　(b) 1 000 ℃淬火+180 ℃的25%粗WC复合材料

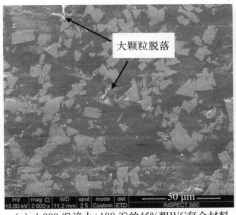

(c) 1 000 ℃淬火+180 ℃的45%粗WC复合材料　(d) 1 000 ℃淬火+180 ℃的45%细WC复合材料

图 7 – 4　WC 颗粒增强钢基复合材料的磨损面形貌

7.3　三体磨损实验

7.3.1　三体磨损摩擦系数分析

　　三体磨料磨损时,磨粒对材料的作用主要表现为:磨粒部分或全部被压入较软的金属表面;磨粒滚动,对材料表面起滚压作用;磨粒滑动,刮伤材料表面;磨粒既滚动又滑动;磨粒被压碎,发生高应力擦伤或磨粒磨损。

图7-5所示为5CrNiMo钢和WC颗粒增强钢基复合材料不同热处理状态的三体磨损摩擦系数曲线,由图可见,三体磨粒磨损时,由于摩擦副之间加入了第三方粒子,对摩擦的影响因子增多,摩擦系数在磨合期内呈现出更大的跳跃性,且磨合期比二体磨损更为延长。分析认为三体磨损的主要磨损机制为多次塑变或微观压入导致的变形层的疲劳断裂机制,因为被磨材料的表面在第三体磨粒反复的滚压作用下会发生反复的塑变→加工硬化→脆性断裂的过程。这样的过程需要经历一定的磨损距离才能完成,也就是说需要一定时长的磨合期才能达到稳定的磨损速率,而二体磨损主要是靠微切削机制而产生磨损,因此磨合期较短。

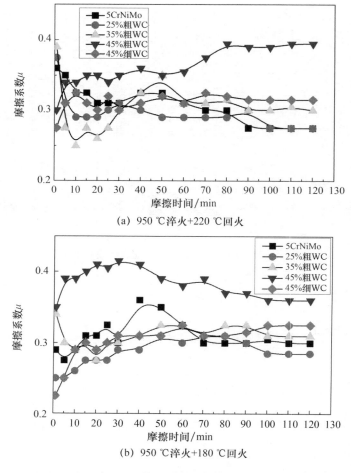

(a) 950 ℃淬火+220 ℃回火

(b) 950 ℃淬火+180 ℃回火

图7-5 5CrNiMo钢和WC颗粒增强钢基复合材料的三体磨损摩擦系数曲线

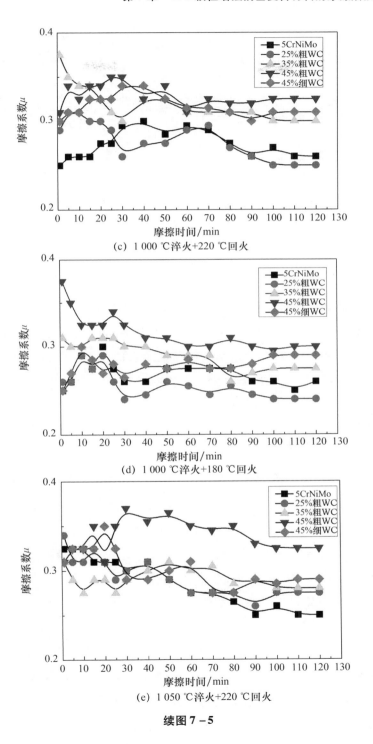

(c) 1 000 ℃淬火+220 ℃回火

(d) 1 000 ℃淬火+180 ℃回火

(e) 1 050 ℃淬火+220 ℃回火

续图 7 - 5

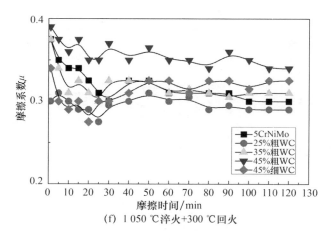

(f) 1 050 ℃淬火+300 ℃回火

续图 7 – 5

经历过磨合期,过渡到稳定磨损阶段时,可从图7 – 5 中看出,5CrNiMo 钢的摩擦系数不像二体磨损时始终最小,因三体磨损可变因素增多,具有不确定性。但总体看来,WC 颗粒含量不同或颗粒度不同时,WC 颗粒增强钢基复合材料的三体磨损摩擦系数和二体磨损时具有较相似的规律性,即摩擦系数随着 WC 含量的增多而增大,随 WC 尺寸的增大而提高。

7.3.2 三体磨损量分析

表7 – 2 为三体磨损量测量结果,图7 – 6 所示为5CrNiMo 钢和 WC 颗粒增强钢基复合材料不同热处理状态的三体磨损量曲线,由图可见,相同热处理状态下,WC 磨损量也远小于5CrNiMo 钢,这表示在三体磨粒磨损这样的恶劣环境中,WC 颗粒增强钢基复合材料也表现出优异的耐磨性能。这是因为磨粒为石英砂,5CrNiMo 钢的硬度远低于石英砂的硬度,高硬的磨粒在外界载荷作用下,对 5CrNiMo 钢产生严重的切削和滚压作用,此磨损系统属于硬磨料磨损,当硬度提高时切削量将减少。而复合材料的抗磨粒磨损性能取决于基体与颗粒的综合作用,高硬度的硬质颗粒除了可以抵抗磨粒对材料的磨损外,还起到对钢基体的强化作用。复合电冶熔铸过程中,WC 颗粒的加入将使钢基体组织细化,使材料的晶界数量增加,材料服役过程中位错移动困难,强度提高。而后续的淬火和回火热处理处理过程中,颗粒与基体的热膨胀系数的差异导

致基体局部产生热应力。增强颗粒与钢基体的热膨胀系数差异较大,在温度发生变化时,增强颗粒会引起基体局部位置产生应力应变,在复合材料不产生缺陷的前提下,应力应变的存在将对钢基体产生强化作用。另外复合材料中 WC 增强颗粒具有阻碍位错运动的作用,在一定程度上也对基体有强化作用。所以 WC 颗粒增强钢基复合材料在一定程度上提高了基体材料的强度,对基体耐磨性能的提高具有很好的效果。

表 7-2　5CrNiMo 钢和 WC 颗粒增强钢基复合材料磨损量测量结果

序号	复合材料状态	5CrNiMo /mg	25% 粗 WC /mg	35% 粗 WC /mg	45% 粗 WC /mg	45% 细 WC /mg
1	熔铸原始态	—	563.8	511.3	356.5	561.4
2	锻造退火态	1 754.8	712.1	582.3	403.1	663.2
3	950 ℃淬火 +220 ℃回火	1 174.5	643.7	463.4	293.5	458.6
4	950 ℃淬火 +180 ℃回火	923.5	504.1	341.1	172.1	313.7
5	1 000 ℃淬火 +220 ℃回火	1 048.5	571.9	471.3	264.3	414.1
6	1 000 ℃淬火 +180 ℃回火	787.9	354.2	227.5	211.8	394.0
7	1 050 ℃淬火 +220 ℃回火	520.6	303.7	234.1	199.6	364.4
8	1 050 ℃淬火 +300 ℃回火	946.3	583.4	461.8	360.9	518.2

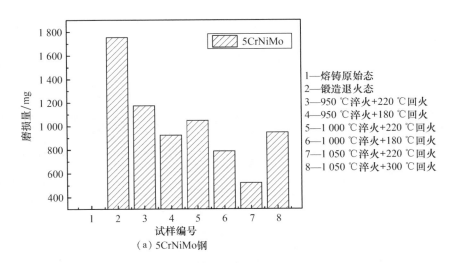

1—熔铸原始态
2—锻造退火态
3—950 ℃淬火+220 ℃回火
4—950 ℃淬火+180 ℃回火
5—1 000 ℃淬火+220 ℃回火
6—1 000 ℃淬火+180 ℃回火
7—1 050 ℃淬火+220 ℃回火
8—1 050 ℃淬火+300 ℃回火

(a) 5CrNiMo钢

图 7-6　5CrNiMo 钢和 WC 颗粒增强钢基复合材料的三体磨损量曲线

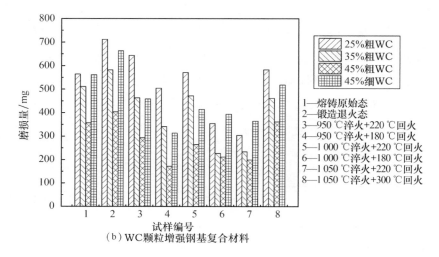

（b）WC颗粒增强钢基复合材料

续图 7-6

在 950 ℃淬火 +180 ℃回火时,45% 粗 WC 复合材料的耐磨性最好,耐磨性是相同热处理状态下 5CrNiMo 钢的 5.37 倍,分别是 25% 粗 WC、35% 粗 WC 和 45% 细 WC 复合材料的 2.93、1.98、1.82 倍。可见在三体磨粒磨损情况下,该 WC 颗粒增强钢基复合材料的耐磨性没有二体磨损时提高得多,在二体磨损的环境下服役使用将发挥该复合材料的最佳耐磨性能。

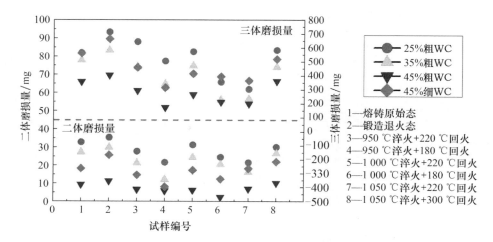

图 7-7　WC 颗粒增强钢基复合材料的二体和三体磨损量曲线

从图 7 - 7 WC 颗粒增强复合材料的二体和三体磨损量曲线比较图中可见,该复合材料三体磨损和二体磨损具有相似的规律性,即在一定范围内,复合材料的耐磨性随 WC 含量的增大而提高,也随 WC 尺寸的增加而上升。

7.3.3　三体磨损形貌分析

图 7 - 8 所示为 WC 颗粒增强钢基复合材料的磨损面微观形貌,由图可知,35% 粗 WC 复合材料的磨痕很浅,较多的 WC 颗粒很好地保护了钢基体,提高了耐磨性;而 25% 粗 WC 复合材料的磨痕则较深,剥落也较严重。WC 的硬度 HV2 080,远大于石英磨粒硬度 HV1 120,这些硬质颗粒的引入能有效抵

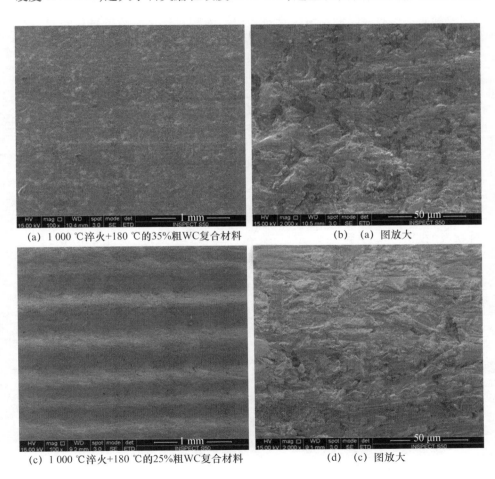

(a)　1 000 ℃淬火+180 ℃的35%粗WC复合材料　　(b)　(a) 图放大

(c)　1 000 ℃淬火+180 ℃的25%粗WC复合材料　　(d)　(c) 图放大

图 7 - 8　WC 颗粒增强钢基复合材料的磨损面形貌

抗石英磨粒对复合材料的切削作用,弥散分布的颗粒使磨粒对材料的切削痕迹短而浅,从而保护了基体,提高了材料的三体磨损性能。

WC 增强颗粒的质量分数是影响该复合材料三体磨粒磨损性能的一个重要因素。复合材料耐磨性提高的一个主要原因就是硬质颗粒的引入抵抗了磨粒对钢基体的磨损作用,随着增强颗粒质量分数的增多,复合材料磨损面上单位面积增强颗粒的数量增大,颗粒间距变小,对基体的保护作用增强,因此在一定范围内,复合材料耐磨性随着增强颗粒的含量增多而上升。研究表明,如果增强颗粒质量分数过多,钢基体对增强颗粒的保护作用将相对减弱,特别是在三体磨粒磨损条件下,颗粒的引入会降低材料的韧性,使材料耐磨性不能进一步提高,甚至有所降低。对复合材料中增强颗粒质量分数的优化是复合材料硬度与韧性的平衡结果,而不是增强颗粒含量越多复合材料耐磨性越好。

图 7-9 所示为 WC 颗粒增强钢基复合材料的磨损面微观形貌,图 7-9(a)、(b)是 45%粗 WC 复合材料的磨损面微观形貌,可见表面犁沟很浅,WC 颗粒完整地突出于材料磨损表面,颗粒较少出现脱落和断裂现象,复合材料表现出较好的耐磨性。而图 7-9(c)、(d)是 45%细 WC 复合材料的磨损面微观形貌,很明显表面犁沟较深,颗粒剥落严重些。

WC 增强颗粒的尺寸是影响该复合材料三体磨粒磨损性能的另一个重要因素。复合材料中的增强颗粒在磨损过程中能否断裂或脱落,将极大影响复合材料的耐磨性。大颗粒 WC 周围存在一层界面反应层,它改善了 WC 颗粒与钢基体的界面结合,提高了 WC 颗粒对钢基体的支撑作用,使基体在较大的载荷下可以有效地把外加载荷传递给 WC 颗粒,同时也会使 WC 颗粒的脱落受到抑制。而小尺寸的 WC 颗粒由于镶嵌在基体中的深度较小,在对磨过程中很容易随基体发生犁削脱落并形成磨屑,夹在对磨环和试样之间形成三体磨粒磨损,加剧磨损过程。

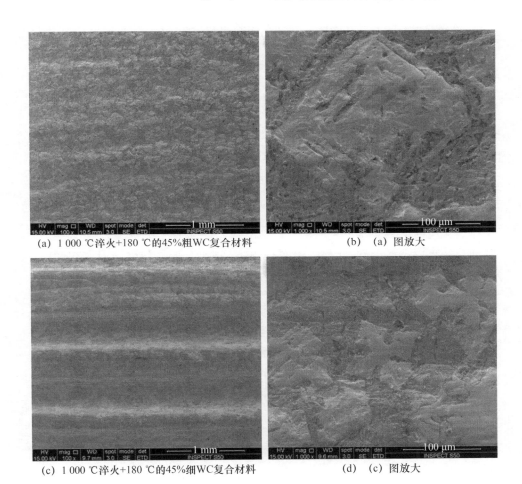

(a)　1 000 ℃淬火+180 ℃的45%粗WC复合材料　　　　(b)　(a) 图放大

(c)　1 000 ℃淬火+180 ℃的45%细WC复合材料　　　　(d)　(c) 图放大

图 7－9　WC 颗粒增强钢基复合材料的磨损面形貌

7.4　本章小结

本章通过对复合材料进行二体磨损和三体磨损实验,研究了各试样的摩擦系数和磨损量,并对磨损形貌进行分析,提出磨损机理,得到以下结论。

(1)在二体磨损时,即滑动干摩擦状态,5CrNiMo 钢的摩擦系数最小,因为钢中没有增强颗粒,不会对摩擦系数产生较大影响,增强颗粒可能会起到增大摩擦系数的作用。而复合材料中随着 WC 含量的增多,摩擦系数一直增大,且45% 粗 WC 和 45% 细 WC 复合材料相比,粗颗粒的复合材料摩擦系数更大。

（2）采用复合电冶熔铸工艺制备的 WC 颗粒增强钢基复合材料比基体材料 5CrNiMo 模具钢具有更好的耐磨性。随着 WC 的质量分数从 25% 到 45% 时，磨损量一直减小，即复合材料的耐磨性随着 WC 的质量分数增大而提高。在一定范围内，WC 含量相同时，复合材料的耐磨性随颗粒度的增大而提高。WC 颗粒尺寸对磨损性能的影响，不会随 WC 含量的增多而一直提高，关键是改善增强相与基体相的结合。在 1 000 ℃淬火 +180 ℃回火时，45% 粗 WC 复合材料的耐磨性最好，耐磨性是相同热处理状态下的 5CrNiMo 钢的 21.96 倍，分别是 25% 粗 WC、35% 粗 WC 和 45% 细 WC 复合材料的 10.65、8.91、5.35 倍。在不同热处理状态下，锻造退火态试样的耐磨性最差。回火温度相同时，随加热淬火温度的提高，材料的耐磨性也随之增大；加热淬火的温度相同时，随回火温度的提高，材料的耐磨性随之降低，特别是回火温度高时，降低的更为严重。

（3）复合材料表面的划痕很浅，没有深的犁沟出现，比 5CrNiMo 钢的耐磨性优异。热处理后复合材料的综合性能得到提高，表面脱落较少，划痕更浅，回火马氏体的基体韧性较好，对硬质相的支撑作用强，裂纹不易萌生与扩展，硬质相较难脱落，表现出很高的耐磨性。复合材料在二体摩擦磨损条件下的磨损机制为磨粒磨损和氧化磨损。

（4）三体磨粒磨损时，摩擦系数在磨合期内呈现出更大的跳跃性，且磨合期比二体磨损更为延长。三体磨损的主要磨损机制为多次塑变或微观压入导致的变形层的疲劳断裂机制。WC 颗粒的质量分数不同或颗粒度不同时，WC 颗粒增强钢基复合材料的三体磨损摩擦系数和二体磨损时具有较相似的规律性，即摩擦系数随着 WC 的质量分数的增多而增大，随 WC 尺寸的增大而提高。

（5）在三体磨粒磨损的恶劣环境中，WC 颗粒增强钢基复合材料也比 5CrNiMo 钢的耐磨性优异。在 950 ℃淬火 +180 ℃回火时，45% 粗 WC 复合材料的耐磨性最好，耐磨性是相同热处理状态下的 5CrNiMo 钢的 5.37 倍，分别是 25% 粗 WC、35% 粗 WC 和 45% 细 WC 复合材料的 2.93、1.98、1.82 倍。在三体磨粒磨损情况下，该 WC 颗粒增强钢基复合材料的耐磨性没有二体磨损时提高得多，在二体磨损的环境下服役使用将发挥该复合材料的最佳耐磨性能。该复合材料三体磨损和二体磨损具有相似的规律性,即在一定范围内,随着 WC 的质量分数的增多,复合材料的耐磨性随 WC 的质量分数的增大而提高,也随 WC 尺寸的增加而上升。对复合材料中增强颗粒的质量分数的优化是复合材料硬度与韧性的平衡结果,而不是增强颗粒的质量分数越多复合材料耐磨性越好。

(6)35% 粗 WC 复合材料的磨痕很浅,较多的 WC 颗粒很好地保护了钢基体,提高了耐磨性;而 25% 粗 WC 复合材料的磨痕则较深,剥落也较严重。45% 粗 WC 复合材料的磨损面犁沟很浅,WC 颗粒较少出现脱落和断裂现象;而 45% 细 WC 复合材料的磨损面犁沟较深,颗粒剥落严重些。复合材料中的增强颗粒在磨损过程中能否断裂或脱落,将极大影响复合材料的耐磨性。

第8章 总 结

本书通过调整 WC 颗粒尺寸（50 μm 和 100 μm）和质量分数（25%、35% 和 45%），采用新型的复合电冶熔铸工艺制备了四种 WC 颗粒增强钢基复合材料，以及 5CrNiMo 钢。铸造后的材料经退火、锻造处理。选择 950 ℃、1 000 ℃、1 050 ℃三种加热淬火温度，180 ℃、220 ℃ 和 300 ℃三种回火温度，共计六种工艺对复合材料进行热处理。通过 XRD 分析、OM 组织观察、SEM 表面形貌分析、EBSD 和 EDS 分析、宏微观硬度实验、纳米力学性能实验、三点弯曲实验、冲击韧性实验、热疲劳实验和摩擦磨损实验，综合评价 WC 颗粒增强钢基复合材料的显微组织、微观结构、增强相分布形态、界面性能、表面力学性能、弯曲性能、冲击性能、热疲劳性能和二体磨损以及三体磨损的滑动摩擦学性能。

本书的主要创新点如下。

（1）设计出新型的复合电冶熔铸工艺，综合了高能球磨混粉均匀、电渣重熔精炼净化、电磁搅拌颗粒分散、水冷结晶逐层快速凝固等特点。以回收的废旧钢屑为基体原料，成功制备了以不同质量分数和颗粒度的 WC 为增强相的钢基复合材料，具有高性能、低成本、大尺寸的优点。复合材料孔隙少、致密高、无夹杂，WC 颗粒分布均匀，具有很少的缺陷。为制备先进的金属基复合材料提供了新的途径。

（2）采用 EBSD、EDS、XRD 技术深入研究了 WC 颗粒增强钢基复合材料热处理前后的晶粒度、晶粒取向、物相成分的演变规律。发现经适当的淬火和回火热处理后，大角度晶界大幅提高，晶粒尺寸显著变小，晶粒分布均匀化，产生细晶强化的作用。Cr 元素主要分布在钢基体中较大晶粒处，而 Ni 元素则主要分布在较小的晶粒处。从微观结构的角度为提高 WC 颗粒增强钢基复合材料的宏观力学性能提供理论依据。

（3）利用分形的自相似性和标度不变性的基本特征，采用 Sierpinski 分维数的测量与计算方法对热处理前后 WC 颗粒增强钢基复合材料的 BSED 背散射电子像进行了分形研究，定量描述复合材料热处理前后 WC 颗粒的形貌变化，这对研究 WC 相性能的变化机制和 WC 形貌变化对复合材料性能的影响有着十分重要的作用。

通过本书的实验和理论研究，得出了以下主要结论。

（1）WC 颗粒增强钢基复合材料熔铸原始态的显微组织主要由马氏体、残余奥氏体、共晶莱氏体和各类碳化物组成。通过退火处理，长条状碳化物溶解或部分溶解在钢基体中，大块状碳化物分解细化。再经锻造处理，热稳定性较高的树枝晶、骨骼状和鱼骨状共晶组织碎化。选择淬火温度在 1 000 ℃ 附近，可在保证一定的强硬性同时，提升材料的综合性能。低温回火时复合材料的组织主要由隐晶回火马氏体、碳化物及残余奥氏体组成。存在的碳化物类型主要为原始 WC 颗粒、较大的 Fe_3W_3C 团块状颗粒、Fe_3W_3C 或 M_7C_3 枝晶状碳化物、弥散分布的 Fe_3W_3C 或 $M_{23}C_6$ 二次碳化物。选择 220 ℃ 附近回火，在保证强硬性同时，将获得更佳的组织。

（2）WC 晶粒的溶解会使 WC 晶粒的棱角钝化，白色的大颗粒 WC 周围包裹着一圈 Fe_3W_3C 的黑色条带，增加 WC 与钢基体间的结合强度。EBSD 和 EDS 分析得出，经高温淬火和低温回火后，该复合材料的大角度晶界大幅提高，晶粒尺寸显著变小，晶粒分布均匀化，产生细晶强化的作用。Cr 元素主要分布在钢基体中较大晶粒处，而 Ni 元素则主要分布在较小的晶粒处。

（3）复合材料的洛氏硬度在 950～1 050 ℃ 淬火时达到 HRC60～66，并出现先上升后下降的波动。对比基体和中小块 WC 颗粒聚集区，大块硬质相的显微硬度值变化幅度较小。热处理后复合材料中钢基体的纳米硬度和弹性模量均有所提高，WC 颗粒的测量值变化不大。复合材料的抗弯强度在 950～1 050 ℃ 淬火时达到 1 600～1 650 MPa，满足使用要求，并出现先上升后下降的波动。在锻造退火状态下，弯曲断口为准解理 + 韧窝的复合断口。淬火回火态时，复合材料表现出解理断裂 + 部分基体韧窝的断裂机制。25% 粗颗粒WC 复合材料具有较高的冲击韧度，热处理后能达到 14 J/cm^2。WC 的质量分数越多，冲击断口的韧窝越少，逐渐从准解理过渡到解理断裂。而 WC 颗粒尺寸越大,WC 颗粒越容易发生解理断裂。

(4)通过 Sierpinski 分维数的测量与计算方法进行分形研究,结果表明 WC 的分维数随热处理工艺的改变呈现不同的变化。高温淬火并回火时,出现两个 WC 的分维值,WC 存在两组粒度与数量都不同的分形结构。分维差值 ΔD 较大的对应为 Fe_3W_3C 复式碳化物;而分维差值 ΔD 较小的,则对应的 WC 颗粒形貌保留了锻造退火态时的性能和形态。淬火温度或回火温度越高,分维差值 ΔD 越大,WC 的形貌变化越大。

(5)热疲劳裂纹孕育期较短,裂纹在 V 形缺口根部萌生热疲劳裂纹,其主要以一条主裂纹的形式呈不连续、间断性扩展。主裂纹的扩展方式主要为沿碳化物与钢基体界面扩展、穿过 WC 大颗粒和团块状碳化物扩展、沿网状碳化物链扩展、穿越 WC 小颗粒聚集区扩展、穿过鱼骨状碳化物扩展和穿越钢基体扩展。裂纹在试样表面扩展的主要形态为直线形、折线形或梯形、圆弧形以及分岔,并发现"搭桥"型裂纹。

(6)复合材料中,随着 WC 的质量分数或颗粒度在一定范围内增大,摩擦系数呈提高的态势。二体磨损时,在 1 000 ℃淬火 + 180 ℃回火时,45% 粗颗粒 WC 复合材料的耐磨性最好。磨损机制为磨粒磨损和氧化磨损。三体磨粒磨损时,摩擦系数在磨合期内呈现出更大的跳跃性,且磨合期比二体磨损更长。在950 ℃淬火 + 180 ℃回火时,45% 粗 WC 复合材料的耐磨性最好。在二体磨损的环境下服役使用将发挥该复合材料的最佳耐磨性能。三体磨损的主要磨损机制为多次塑变或微观压入导致的变形层的疲劳断裂机制。

综上所述,在一定的范围内,WC 颗粒度越大,质量分数越高,则复合材料硬度越高,抗弯强度越低,抗冲击能力越差,而抗二体磨损和三体磨粒磨损性能越好。

参 考 文 献

[1]李祖来，蒋业华，卢德宏. 碳化钨颗粒增强钢铁基表层复合材料［M］. 北京：科学出版社，2017.

[2]宋卫东，王成，毛小南. 颗粒增强钛基复合材料——加工制备、性能与表征［M］. 北京：科学出版社，2017.

[3]李正邦. 电渣冶金与电渣熔铸在中国的发展［J］. 铸造，2004，53：855-861.

[4]丁家伟，丁刚，强颖怀. 第二代电渣冶金工艺研究［J］. 材料与冶金学报，2011，10：147-158.

[5]冯江，宋克兴，梁淑华，等. 混杂增强铜基复合材料的设计与研究进展［J］. 材料热处理学报，2018，39(5)：6-14.

[6]郭继伟，刘钦雷. 碳化钛系钢结硬质合金的研究现状［J］. 铸造设备与工艺，2010(1)：48-54.

[7]顾景洪，肖平安，肖利洋，等. TiC_p 颗粒增强高铬铸铁复合材料的显微组织和力学性能［J］. 粉末冶金技术，2021，39(4)：319-325.

[8]YANG Z, FAN J, LIU Y, et al. Effect of combination variation of particle and matrix on the damage evolution and mechanical properties of particle reinforced metal matrix composites［J］. Materials Science and Engineering A，2021，806(9-10)：1-10.

[9]ZHOU C W, YANG W, FANG D N. Mesofracture of metal matrix composites reinforced by particles of large volume fraction［J］. Theoretical and Applied Fracture Mechanics，2004，41：311-326.

[10]王晓军. 颗粒增强镁基复合材料［M］. 北京：国防工业出版社，2018.

[11]ZHANG N, QIANG Y H, ZHANG C H, et al. Microstructure and property of

WC/steel matrix composites［J］. Emerging Materials Research，2015，4（2）：149-156.

［12］宋亚虎，王爱琴，马窦琴，等. 微纳米混杂颗粒增强铝基复合材料的设计与研究进展［J］. 材料热处理学报，2021，42（7）：1-12.

［13］李忠涛，肖平安，顾景洪，等. 烧结 Cr15 高铬铸铁组织与性能的研究［J］. 材料科学与工艺，2020，28（1）：7-16.

［14］谢耀，康跃华，李新涛，等. 搅拌铸造金属 Ti 颗粒增强 AZ91D 复合材料的组织与力学性能［J］. 铸造，2021，70（7）：793-799.

［15］GUO Sujuan，KANG Guozheng，ZHANG Juan. Meso-mechanical constitutive model for ratchetting of particle-reinforced metal matrix composites［J］. International Journal of Plasticity,2011,27：1896-1915.

［16］张晨晨，袁武华. 热处理工艺对喷射沉积 7090/SiC$_p$ 复合材料断裂韧性的影响［J］. 材料导报,2013，27（7）：31-34.

［17］CAI H，YE J，WANG Y，et al. Matrix failures effect on damage evolution of particle reinforced composites［J］. Mechanics of Advanced Materials and Structures，2021，28（6）：635-647.

［18］李大梅，尤显卿，许育东,等. 氧化铝基陶瓷材料断裂韧性的测量与评价［J］. 硬质合金，2004，21（4）：231-236.

［19］LI Chingshen，ELLYIN F . Short crack trapping/untrapping in particle-reinforced metal-matrix composites［J］. Science and Technology,1994,52：117-124.

［20］PATIL C S，ANSARI M I，SELVAN R，et al. Influence of micro B$_4$C ceramic particles addition on mechanical and wear behavior of aerospace grade Al-Li alloy composites［J］. Sādhanā，2021，46（1）：1-9.

［21］张淑英，陈玉勇，李庆春. 反应喷射沉积金属基复合材料的研究现状［J］. 兵器科学与工程,1998，21（5）：52-57.

［22］李奎，汤爱涛，潘复生. 金属基复合材料原位反应合成技术现状与展望［J］. 重庆大学学报，2002，25（9）：155-160.

［23］王德宝，吴玉程. 高性能耐磨铜基复合材料的制备与性能研究［M］. 合

肥：合肥工业大学出版社，2012.

［24］ZHOU Y C，LONG S G，LIU Y W，Thermal failure mechanism and failure threshold of SiC particle reinforced metal matrix composites induced by laser beam［J］. Mechanics of Materials，2003，35：1003-1020.

［25］CHEN R，IWABUCHI A，SHIMIZU T. The sliding wear resistance behavior of NiAl and SiC particles reinforced aluminium alloy matrix composites［J］. Wear，1997，213：175-184.

［26］欧阳柳章，罗承萍，隋贤栋，等. 原位合成金属基复合材料［J］. 中国铸造装备与技术，2002（2）：6-8.

［27］杨瑞成，赵丽美，吕学飞，等. 碳化物/钢基复合材料原料球磨效果及其电子理论分析［J］. 材料热处理学报，2007，28（1）：18-21.

［28］刘海峰，刘耀晖，于思荣. 原位合成 VC 颗粒增强钢基复合材料组织及其形成机理［J］. 复合材料学报，2001，18（4）：58-63.

［29］赵玉涛，戴起勋，陈刚. 金属基复合材料［M］. 北京：机械工业出版社，2012.

［30］YANG Zhiguo，LONG Shiguo，Damage analysis for particle reinforced metal matrix composite by ultrasonic method［J］. Transactions of Nonferrous Metals Society of China，2006，16：652-655.

［31］陶杰，赵玉涛，潘蕾，等. 金属基复合材料制备新技术导论［M］. 北京：化学工业出版社，2007.

［32］高明星. 碳化钨颗粒增强高锰钢基表面复合材料的研究［D］. 包头：内蒙古科技大学，2009.

［33］尤显卿，任昊，斯廷智，等. 电冶熔铸 WC/钢复合材料组织及耐磨性研究［J］. 铸造，2003，52（12）：1170-1172.

［34］OUYANG Chaojun，HUANG Minsheng，LI Zhenhuan，et al. Circular nano-indentation in particle-reinforced metal matrix composites：Simply uniformly distributed particles lead to complex nano-indentation response ［J］. Computational Materials Science，2010，47：940-950.

［35］FRITZEN F，BÖHLKE T. Periodic three-dimensional mesh generation for particle reinforced composites with application to metal matrix composites[J]. International Journal of Solids and Structures,2011,48:706-718.

[36]金培鹏,韩丽,王金辉,等. 轻金属基复合材料[M]. 北京:国防工业出版社,2013.

[37] OZDEN S, EKICI R, NAIR F. Investigation of impact behaviour of aluminium based SiC particle reinforced metal-matrix composites[J]. Applied Science and Manufacturing,2007,38:484-494.

[38]SHAO J C, XIAO B L, WANG Q Z,et al. An enhanced FEM model for particle size dependent flow strengthening and interface damage in particle reinforced metal matrix composites[J]. Science and Technology,2011,71:39-45.

[39] RABIEI A, VENDRA L, KISHI T. Fracture behavior of particle reinforced metal matrix composites[J]. Applied Science and Manufacturing, 2008,39:294-300.

[40]杨明波,代兵,李晖,等. 金属铸渗技术的研究及进展[J]. 铸造, 2003, 152(9):647-651.

[41]OZDEN S, EKICI R,NAIR F. An enhanced FEM model for particle size dependent flow strengthening and interface damage in particle reinforced metal matrix composites[J]. Science and Technology,1997,57:697-702.

[42]BORBÉLY A,BIERMANN H, HARTMANN O. FE investigation of the effect of particle distribution on the uniaxial stress-strain behaviour of particulate reinforced metal-matrix composites[J]. Materials Science and Engineering, 2001,313:34-45.

[43]闫洪,张发云. 颗粒增强复合材料制备与触变塑性成形[M]. 北京:国防工业出版社, 2013.

[44]鲍崇高,王恩泽,高义民,等. 颗粒体积分数对Al_2O_3/钢基复合材料高温抗磨性的影响[J]. 复合材料学报,2001, 18(1):61-64.

[45]ZHANG Peng, LI Fuguo. Effect of particle characteristics on deformation of particle reinforced metal matrix composites[J]. Transactions of Nonferrous

Metals Society of China，2010，20：655-661.

[46] MORTENSON A，JIN I. Solidification processing of metal matrix composites[J]. International Materials Reviews，1992，37(3)：101-128.

[47] 王俊英，杨启志，林化春. 金属基复合材料的进展、问题与前景展望口[J]. 青岛建筑工程学院学报，1999，20(4)：90-91.

[48] LINDSLAY B A，MANDER A R. Solid particle erosion of an Fe-Fe$_3$C metal matrix composite[J]. Metallurgical and Materials Transactions，1998，29A(3)：1071-1079.

[49] ZHU J H. High-temperature mechanical behavior of Ti-6Al-4V alloy and TiC$_p$/Ti-6Al-4V composite[J]. Metallurgical and Materials Transactions A，1999，30A：56-59.

[50] 王一三，张欣苑. 液相合成 VC 颗粒增强钢基复合材料的研究[J]. 机械工程材料，1999(4)：35-38.

[51] WAGENER H W，WOLF J. Cold forging of MMCs of aluminium alloy matrix[J]. Journal of Materials Processing Technology，1993(37)：72-75.

[52] 孙国维，廖恒成，潘冶. 颗粒增强金属基复合材料的制备技术和界面反应控制[J]. 特种铸造及有色合金，1998(4)：12-17.

[53] 张国赏，魏世忠，韩明儒，等. 颗粒增强钢铁基复合材料[M]. 北京：科学出版社，2003.

[54] 张治民，刘华. B$_4$C 在铁基摩擦材料中的作用及机理[J]. 中南工业大学学报，1997，28(4)：359.

[55] PAGOUNIS E，LINDROOS V K. Processing and properties of particulate reinforced steel matrix composites[J]. Materials Science & Engineering A，1998，246：221-234.

[56] 王恩泽，徐雁平. Al$_2$O$_3$ 颗粒/耐热钢复合材料的制备及高温磨料磨损性能[J]. 复合材料学报，2004，21(1)：56-60.

[57] 李秀兵，宁海霞. 运用复合剂制备 WC 颗粒增强钢基表面复合材料[J]. 铸造，2004，53(2)：93-96.

[58] 沈蜀西. 铸渗技术在制砖机模具生产中的应用[J]. 特种铸造及有色合

金,1996,3：46-47.

[59]王世鑫,严有为. SHS－熔铸工艺制备 MoSi$_2$－Fe 原位复合材料的研究口[J]. 特种铸造及有色合金,2006,26(1)：55-57.

[60]BERGMAN A, JARFOS A, LIU Z. In situ formation of carbide composites by liquid/solid reactions[J]. Key Engineering Materials,1993,224：226.

[61]RRCHARDSON R C D. The wear of metals by relatively soft abrasives[J]. Wea,1968(11)：245.

[62]杜善义. 复合材料细观力学[M]. 北京：科学出版社,1998：1-10.

[63] KUNIN I A. Elastic media with microstructure [J]. Aeta Applicandae Mathematicae,1986(3)：1175-1185.

[64]权高峰,柴东朗,宋余九,等. 颗粒增强复合材料中微观热应力和残余应力分析[J].应用力学学报,1995,12(2)：125-135.

[65]王明章,林实,钱仁根,等. 金属基复合材料单向和循环变形行为的数值模拟研究口[J]. 固体力学学报,1995,16(4)：359-366.

[66]张国定. 金属基复合材料界面问题[J]. 材料研究学报,1997,11(6)：649-657.

[67]SRIVASTAVA A K, DAS K. Microstructural and mechanical characterization of in situ TiC and (Ti,W)C-reinforced high manganese austenitic steel matrix composites[J]. Materials Science and Engineering A,2009,516：1-6.

[68]张宁,张春红,李菊丽. 氩弧熔覆原位自生 Ti(C、N)－WC 增强 Ni60A 复合涂层的研究[J]. 徐州工程学院学报(自然科学版),2015,30(1)：47-51.

[69]林文松,李元元. 颗粒强化钢铁基复合材料的研究现状与展望[J]. 粉末冶金工业,2001,11(5)：25-29.

[70]李秀兵,方亮,高义民,等. WC 颗粒增强 Cr 系白口铸铁复合材料的三体磨损性能的研究[J]. 铸造,2005,39(5)：470-474.

[71]王恩泽,徐燕平,鲍崇高,等. Al$_2$O$_3$ 颗粒/耐热钢复合材料的制备及高温磨料磨损性能[J]. 复合材料学报,2004,21(1)：56-60.

[72]蒋业华,周荣,卢德宏,等. 渣浆泵用WC/铁基表面复合材料的研究[J].

铸造，2002，36（3）：170-172.

［73］王一三，黄文. 铁基自润滑梯度复合层的研究［J］. 机械工程材料，1999（1）：20-21.

［74］许斌，冯承明，杨胶溪. 碳化钨－高铬铸铁表面复合材料耐磨粒磨损性能的研究［J］. 摩擦学学报，1998，18（4）：322-326.

［75］高义民，张凤华，邢建东，等. 颗粒增强不锈钢基复合材料冲蚀磨损性能研究［J］. 西安交通大学学报，2001，35（7）：727-730.

［76］SRIVASTAVA A K, DAS K. The abrasive wear resistance of TiC and（Ti, W）C-reinforced Fe-17Mn austenitic steel matrix composites［J］. Tribology International，2010，43：944-950.

［77］ZHANG Taiquan, WANG Yujin, Yu Zhou. Effect of heat treatment on microstructure and mechanical properties of ZrC particles reinforced tungsten-matrix composites［J］. Materials Science and Engineering A，2009，512：19-25.

［78］卢瑞青，肖平安，宋建勇，等. 新型烧结高铬铸铁的冲击磨粒磨损性能［J］. 粉末冶金材料科学与工程，2019，23（1）：70-77.

［79］尤显卿，任昊. 铸造WC/钢铁基复合材料研究进展［J］. 合肥工业大学学报（自然科学版），2003，26（5）：1063-1067.

［80］王基才. 电冶熔铸WC/钢复合材料的制备工艺及组织、性能的研究［D］. 合肥：合肥工业大学，2003.

［81］符寒光，李明伟，张轶，等. 原位合成颗粒增强钢基复合材料轧辊研究［J］. 钢铁钒钛，2005，26（4）：34-38.

［82］何凤鸣，修稚萌，贺春林，等. WC/FY－1烧结锻造钢基复合材料性能［J］. 东北大学学报（自然科学版），2004，25（1）：51-54.

［83］成小乐，高义民，邢建东，等. WC/45钢复合材料的温压烧结工艺及其磨损性能［J］. 西安交通大学学报，2005，39（1）：53-55.

［84］谢金乐，刘允中，吴汇江，等. MA－SPS法制备WC颗粒增强钢基复合材料的耐磨性研究［J］. 材料热处理技术，2011，40（6）：78-81.

［85］ERGUN E, ASLANTAS K, TASGETIREN S. Effect of crack position on stress intensity factor in particle-reinforced metal-matrix composites［J］. Mechanics Research Communications，2008，35：209-218.

［86］高建平. 钢结硬质合金/碳钢复合材料界面的组织及性能研究［D］. 洛阳：河南科技大学，2008.

［87］赵敏海，刘爱国，郭面焕. WC 颗粒增强耐磨材料的研究现状［J］. 焊接，2006（11）：61-68.

［88］胡光立，谢希文. 钢的热处理（原理和工艺）［M］. 西安：西北工业大学出版社，2010.

［89］尤显卿，黄曼平. 电冶熔铸碳化钨钢结硬质合金的微观组织研究［J］. 矿冶工程，2003（2）：87-90.

［90］GUO Sujuan，KANG Guozheng，ZHANG Juan. A cyclic visco-plastic constitutive model for time-dependent ratchetting of particle-reinforced metal matrix composites［J］. International Journal of Plasticity，2013，40：101-125.

［91］杨瑞成，王军民，王夏冰. 碳化物增强钢基复合材料的奥氏体化行为［J］. 甘肃工业大学学报，1998，24（3）：22-26.

［92］ZHANG Peng，LI Fuguo. Effects of particle clustering on the flow behavior of SiC particle reinforced Al metal matrix composites［J］. Rare Metal Materials and Engineering，2010，39：1525-1531.

［93］中华人民共和国国家质量监督检验检疫总局，中国国家标准化管理委员会. GB/T 232—2010 金属材料弯曲实验方法［S］. 北京：中国标准出版社，2010.

［94］中华人民共和国国家质量监督检验检疫总局，中国国家标准化管理委员会. GB/T 229—2007 金属材料夏比摆锤冲击实验方法［S］. 北京：中国标准出版社，2020.

［95］BACON D H，EDWARDS L，MOFFATT J E，et al. Synchrotron X-ray diffraction measurements of internal stresses during loading of steel-based metal matrix composites reinforced with TiB_2 particles［J］. Acta Materialia，2011，59：3373-3383.

［96］林文松，李元. 颗粒强化钢铁基复合材料的研究现状与展望［J］. 粉末冶

金工业，2001(5)：25-29.

[97]尤显卿. 电冶钢结硬质合金热处理的研究[J]. 铸造技术，2004，25(9)：676-678.

[98]杨瑞成，王夏冰，王军民，等. WC/钢基合金不同热处理状态的微观特征[J]. 材控科学与工艺，1998，6(3)：29-33.

[99]杜晓东，丁厚福，郑玉春，等. 电冶重熔 RE–WC–钢基合金显微缺陷与性能研究[J]. 矿冶工程，2005，25(1)：68-71.

[100]李秀兵，方亮，高义民，等. WC 颗粒增强钢基表层复合材料中增强相和组织的演化[J]. 西安交通大学学报，2006，40(5)：549-552.

[101]杨少锋，王再友，张炎，等. 热处理对颗粒增强铁基复合材料组织性能影响[J]. 材料热处理学报，2013，34(2)：1-5.

[102] ANTONI–ZDZIOBEK A, SHEN J Y, DURAND–CHARRE M. About one stable and three metastable eutectic microconstituents in the Fe-W-C system [J]. International Journal of Refractory Metals & Hard Materials, 2008, 26：372-378.

[103]洁君，王殿斌，桂满昌. SiC$_p$ 增强铝基复合材料的铸造缺陷分析[J]. 金属学报，1999，35(1)：103-105.

[104]宋延沛，李秉哲，王文焱，等. WC 颗粒增强铁基复合材料辊环的研究[J]. 机械工程学报，2001，37(11)：99-102.

[105]叶大伦，胡建华. 实用无机物热力学数据手册[M]. 北京：冶金工业出版社，2002.

[106]柴禄. 等离子原位冶金碳化钨结晶过程研究[D]. 青岛：山东科技大学，2011.

[107] GU Dongdong, WILHELM M. Microstrueture characteristics and formation mechanisms of in situ WC cemented carbide based hardmetals prepared by Selective Laser Melting[J]. Materials Science and Engineering A, 2009 (527)：7585-7592.

[108] DELANOE A, LAY S. Evolution of the WC grain shape Evolution of the WC grain shape in WC-Co alloys during sintering：Effeet of Ceontent[J]. Int.

Journal of Refractory Metals&Hard Materials, 2009(27)：140-148.

[109]CHRISTENSEN M, WAHNSTRMOB G, LAY S. Morphology of WC Morphology of WC grains in WC-Co alloys：Theoretical determination of grain shape[J]. Acta Materialia, 2007(55)：1515-1521.

[110]徐长征. 高速钢热轧工作辊的组织与开裂机理研究[D]. 上海：上海交通大学,2010.

[111] MÜLLER F, MONAGHAN J. Non-conventional machining of particle reinforced metal matrix composite[J]. International Journal of Machine Tools and Manufacture,2000,40：1351-1366.

[112] SCUDINO S, LIU G, PRASHANTH K G, et al. Mechanical properties of Al-based metal matrix composites reinforced with Zr-based glassy particles produced by powder metallurgy[J]. Acta Materialia,2009,57：2029-2039.

[113]尤显卿, 郑玉春, 朱晓勇. 电冶熔铸WC－Co/钢复合材料组织和性能的研究[J]. 中国稀土学报, 2003, 21(12)：133-136.

[114] KANG C G, LEE J H, YOUN S W, et al, An estimation of three-dimensional finite element crystal geometry model for the strength prediction of particle-reinforced metal matrix composites[J]. Journal of Materials Processing Technology, 2005,166：173-182.

[115]秦蜀懿, 张国定. 改善颗粒增强金属基复合材料塑性和韧性的途径与机制[J]. 中国有色金属学报, 2000, 10(5)：621-629.

[116]湛永钟, 张国定, 蔡宏伟. 界面改性对SiC_p/Cu复合材料力学性能的影响[J]. 稀有金属, 2004, 28(2)：318-321.

[117]王莺, 周元鑫, 夏源明. SiC颗粒增强铝基复合材料冲击拉伸力学性能的实验研究[J]. 材料科学与工艺,1998, 6(3)：1-6.

[118]包艳蓉, 李斌, 刘宗德. TiC颗粒增强铁基复合材料高温冲击特性及断口分析[J]. 热加工工艺, 2009, 38(22)：75-78.

[119] E PAGOUNIS. Processing and properties of particulate reinforced steel matrix composites[J]. Materials Science and Engineering A,1998, 246：221-234.

［120］张宁，强颖怀，杨莉，等. 热处理对复合电冶熔铸 WC 颗粒增强钢基复合材料力学性能的影响［J］. 金属热处理，2016，41(11)：98-104.

［121］TOMITA Y，HIGA Y，FUJIMOTO T. Modeling and estimation of deformation behavior of particle-reinforced metal-matrix composite ［J］. International Journal of Mechanical Sciences，2000，42：2249-2260.

［122］罗勇. 钛金属陶瓷制备及其生物摩擦学性能研究［D］. 徐州：中国矿业大学，2008.

［123］CHAWALA N，DENG X，SCHNELL D R M. Thermal expansion anisotropy in extruded SiC particle reinforced 2080 aluminum alloy matrix composites ［J］. Materials Science and Engineering，2006，426：314-322.

［124］曾绍连，李卫. 碳化钨增强钢铁基耐磨复合材料的研究和应用［J］. 特种铸造及有色合金，2007，27(6)：441-447.

［125］储少军，刁淑生，李永林，等. ESR 前后硬质合金中 WC 形貌变化的分形研究［J］. 钢铁研究学报，2001，13(1)：54-59.

［126］孙永立，于朝阳，史然峰，等. WC，ZrO_2，Cr_2O_3 和 Al_2O_3 陶瓷颗粒/镍合金复合涂层微观组织结构的分形［J］. 复合材料学报，2005，22(3)：85-91.

［127］刘亚俊，汤勇，万珍平，等. SiC 颗粒增强铝基复合材料切削表面分形维数及其与抗磨损性能的关系［J］. 材料科学与工程学报，2003，21(1)：17-20.

［128］琚正挺. 真空熔结稀土镍基合金涂层组织性能及界面分形研究［D］. 合肥：合肥工业大学，2007.

［129］李文超，何鸣鸿. 分形及其在耐火材料研究中的应用［J］. 耐火材料，1997，31(2)：113-117.

［130］YUANM N，YANGY Q，LI C，et al. Numerical analysis of the stress-strain distributions in the particle reinforced metal matrix composite SiC/6064Al ［J］. Materials & Design，2012，38：1-6.

［131］ZHANG Ning，QIANG Yinghuai，ZHANG Chunhong，et al. Thermodynamics and morphological fractal characteristics of WC particulates reinforced steel matrix composites by composite electroslag melting and casting[J]. Materials Science Forum, 2017(3): 877-890.

[132] 黄汝清, 隋育栋, 蒋业华, 等. WC_p/钢基表面复合材料热疲劳裂纹萌生及扩展机理[J]. 材料热处理学报, 2013, 34(3): 40-43.

[133] 尤显卿, 李健. GJW50 钢结硬质合金热疲劳裂纹扩展的研究[J]. 材料热处理学报, 2004, 25(1): 74-78.

[134] 张焱, 尤显卿, 丁峰, 等. 钢结硬质合金热疲劳裂纹萌生扩展机理探讨[J]. 材料热处理学报, 2008, 29(5): 81-85.

[135] 刘宝, 尤显卿, 陈丽娜, 等. 离心铸造 LGJW20 钢结硬质合金热疲性能研究[J]. 硬质合金, 2009, 26(3): 165-171.

[136] LI Zulai, JIANG Yehua, ZHOU Rong, et al. Thermal fatigue mechanism of WC particles reinforced steel substrate surface composite at different thermal shock temperatures[J]. Journal of Alloys and Compounds, 2014, 596: 48-54.

[137] 张宁, 董妍, 倪琪, 等. WC 颗粒增强钢基复合材料的热疲劳裂纹扩展方式与机理研究[J]. 铸造技术, 2018, 39 (10): 2186-2189.

[138] SOZHAMANNAN G G, BALASIVANANDHA PRABU S, PASKARAMOORTHY R. Failures analysis of particle reinforced metal matrix composites by microstructure based models[J]. Materials & Design, 2010, 31: 3785-3790.

[139] EKICI R, KEMAL APALAK M, YILDIRIM M. Effects of random particle dispersion and size on the indentation behavior of SiC particle reinforced metal matrix composites[J]. Materials & Design, Science and Technology, 2010, 31: 2818-2833.

[140] 张宁, 张春红, 倪琪. WC 颗粒增强钢基复合材料的热疲劳裂纹萌生机理研究[J]. 热加工工艺, 2018, 47(20): 108-110.

[141] LIU Aiguo, GUO Mianhuan, ZHAO Minhai. Microstructures and wear resistance of large WC particles reinforced surface metal matrix composites produced by plasma melt injection[J]. Surface and Coatings Technology, 2007, 201: 7978-7982.

[142] LIU F R, CHAN K C, TANG C Y, Numerical modeling of the thermo-

mechanical behavior of particle reinforced metal matrix composites in laser forming by using a multi-particle cell model[J]. Composites Science and Technology, 2008,68: 1943-1953.

[143]DAI L H, LING Z, BAI Y L. Microstructure-based finite element analysis of failure prediction in particle-reinforced metal-matrix composite[J]. Journal of Materials Processing Technology, 2008,201: 53-62.

[144]许斌, 张晓辉, 杨胶溪. 碳化钨颗粒–高铬铸铁表面耐磨复合材料的实验研究[J]. 农业工程学报, 1999, 15(2): 10-16.

[145]张晓峰, 方亮, 邢建东. 二体磨损与三体磨损之间的关系[J]. 西安公路交通大学学报, 2000, 20(3): 93-97.

[146]孙建荣, 孙扬善, 闵学刚. TiC_p/3Cr13 复合材料显微组织及耐磨性的研究[J]. 铸造, 2001, 50(1): 25-28.

[147]魏永辉, 宋延沛. 原位自生钢基复合材料耐磨性能的研究[J]. 特种铸造及有色合金, 2007, 27(3): 229-231.

[148]冯培忠, 强颖怀. WC 颗粒增强钢基复合材料辊环的研究[J]. 热加工工艺, 2004, 53 (4): 19-20.

[149]AKHTAR F. Microstructure evolution and wear properties of in situ synthesized TiB_2 and TiC reinforced steel matrix composites[J]. Journal of Alloys and Compounds, 2008, 459: 491-497.

[150]张宁, 倪琪. 电冶熔铸 WC 颗粒增强钢基复合材料的干滑动摩擦磨损性能[J]. 金属热处理, 2017, 42(8): 11-15.

[151]ZHANG Peng, LI Fuguo. Micro-macro unified analysis of flow behavior of particle-reinforced metal matrix composites [J]. Chinese Journal of Aeronautics, 2010,23: 252-259.

[152]EUN-HEE K, JAE-HYUN L, YEON-GIL J, A new in situ process in precision casting for mold fabrication[J]. Journal of the European Ceramic Society, 2011, 31(9): 1581-1588.